"十三五"江苏省高等学校重点教材(编号：2020-2-240)

智慧城市技术导论

主编　吴小俊　方　伟

西安电子科技大学出版社

内 容 简 介

本书从智慧城市的基本概念、产生背景出发，介绍了我国智慧城市的发展历程，分析了智慧城市的技术框架和评价指标，重点阐释了支撑智慧城市建设的核心技术，包括大数据、物联网、云计算、5G、知识图谱、人工智能、边缘计算；同时，详细介绍了各种技术在智慧城市中的应用；最后以无锡、香港、新加坡、迪拜的智慧城市(国家)建设为例，分析其建设的总体思路、重要战略规划、具体实施计划等。

本书可以作为高等院校计算机类、电子信息类等专业相关课程的教材，也可作为从事智慧城市建设的科研及管理人员的参考书籍，还可作为广大智慧城市建设爱好者的普及读物。

图书在版编目(CIP)数据

智慧城市技术导论 / 吴小俊，方伟主编. —西安：西安电子科技大学出版社，2023.6(2025.2重印)

ISBN 978-7-5606-6704-1

Ⅰ. ①智⋯　Ⅱ. ①吴⋯ ②方⋯　Ⅲ. ①智慧城市—研究　Ⅳ. ①F291

中国版本图书馆 CIP 数据核字(2022)第 206321 号

策　　划　高 樱
责任编辑　高 樱
出版发行　西安电子科技大学出版社(西安市太白南路 2 号)
电　　话　(029)88202421　88201467　　　　邮　　编　710071
网　　址　www.xduph.com　　　　　　　电子邮箱　xdupfxb001@163.com
经　　销　新华书店
印刷单位　广东虎彩云印刷有限公司
版　　次　2023 年 6 月第 1 版　2025 年 2 月第 2 次印刷
开　　本　787 毫米×960 毫米　1/16　印 张 9
字　　数　174 千字
定　　价　29.00 元
ISBN 978 - 7 - 5606 - 6704 - 1

XDUP 7006001-2

如有印装问题可调换

前　言

智慧城市是社会生产力发展和科技进步的结果，是人类追求美好生活、不断创新发展的智慧结晶。智慧城市理念是在信息技术及经济社会不断向前发展的情况下提出的，表明人们对城市建设与发展寄予了更高期望，也是人们不断创造价值、追求美好生活的自然表现。

智慧城市建设以新一代信息技术为支撑，对城市实现更全面的感知、更广泛的互联、更高效的协同、更精准的管控、更深度的融合、更和谐的发展，是工业化、城市化、信息化和智能化的深度融合并逐步迈向更高阶段。利用新一代信息技术建设智慧城市是当今世界城市发展的趋势和特征，将有效提升传统产业的科技含量，加快产业结构转型升级。同时，随着城市智慧含量的提高，当前城市能大大降低能源消耗率和污染排放率，有利于向低碳化、可持续的生态文明城市转型。

2021 年 3 月，《中华人民共和国国民经济和社会发展第十四个五年规划和 2035 年远景目标纲要》(以下简称《纲要》)正式发布，第十六章第二节专门指出要"建设智慧城市和数字乡村"，要"分级分类推进新型智慧城市建设，将物联网感知设施、通信系统等纳入公共基础设施统一规划建设，推进市政公用设施、建筑等物联网应用和智能化改造。完善城市信息模型平台和运行管理服务平台，构建城市数据资源体系，推进城市数据大脑建设，探索建设数字孪生城市"。此外，《纲要》还对新型基础设施、数字经济、数字社会、数字政府、数字生态发展进行了谋划部署。在国家政策的支持指导之下，我国智慧城市建设将迎来一个新的高速发展阶段。

本书重点阐述了新一代信息技术在智慧城市建设中的作用，书中不仅有智慧城市产生背景和发展状况的分析，还包括智慧城市在不同视角下的架构分析以及指标体系的讨论，并详细剖析了多个智慧城市的实际建设案例。编者期望本书能为我国智慧城市建设的理论研究、技术发展和建设理念提供重要参考，助力各地完成高质量的城市建设。

2014 年，无锡市入选 IEEE 智慧城市试点计划，是目前亚洲唯一入选的城市。本书编者深度参与无锡市对该计划的申报，并在其入选之后持续为无锡市 IEEE 智慧城市试点的建设服务至今；此外，本书编者还得到 IEEE 无锡智慧城市国际合作项目的支持，承担了智慧城市前沿技术的研究。这些经历为编者撰写本书提供了很好的支持。

限于本书编者的学识，书中难免会有疏漏和不足之处，敬请各位读者批评指正。本书部分内容引用了互联网上的一些观点，在此向相关作者一并致谢。

本书得到了国家自然科学基金项目以及江南大学、江苏省模式识别与计算智能工程实验室、IEEE 无锡智慧城市国际合作项目的资助，在此表示感谢。

编　者

2023 年 2 月

目　　录

第一章 绪 论

1.1 智慧城市的基本概念

智慧城市(Smart City)是指利用各种信息技术或创新理念，把城市里分散的、各自为政的信息化系统、物联网系统整合起来，集成为一个具有较好协同能力和调控能力的有机整体，提升资源利用效率，优化城市管理和服务，改善市民生活质量，提高市民幸福感、安全感和获得感，实现可持续发展的城市治理形态。这是传统意义上城市信息化和数字城市的升华和飞跃，并被赋予了新的内涵。

从智慧城市的基本内涵来说，智慧城市是新一轮信息技术变革和知识经济进一步发展的产物，是以互联网、物联网、无线网等网络的多样化组合为基础，充分利用 5G、云计算、大数据、边缘计算、人工智能、区块链等信息技术，更加广泛深入地推进基础性与应用型信息系统开发建设和各类信息资源开发利用，形成技术集成、综合应用、高端发展的网络化、信息化、智能化和现代化城市，是以智慧技术、智慧产业、智慧人文、智慧服务、智慧管理、智慧生活等为重要内容的城市发展新模式。简单来说，智慧城市充分利用信息化相关技术，通过监测、分析、整合以及智慧响应的方式，综合各职能部门，整合优化现有资源，提供更好的服务、绿色的环境、和谐的社会，保证城市可持续发展，为企业及大众建立一个优良的工作和生活环境。

智慧城市的概念因国家和城市而异，具体取决于其发展水平。我国住房和城市建设部(以下简称住建部)认为，智慧城市的本质是一种综合运用现代科学技术整合信息资源、统筹业务应用系统、加强城市规划建设和管理的新型城市管理与发展的生态系统。

IBM 认为，城市将在人类的政治经济系统中越来越居于支配地位，而先进的信息通信技术(Information and Communications Technology，ICT)将越来越广泛并深入地改变城市运行和管理的方式。因此，IBM 在《智慧的城市在中国》白皮书中，把智慧城市定义为这样一个城市："能够充分运用信息和通信技术手段感知、分析、整合城市运行核心系统的各项关键信息，从而对包括民生、环保、公共安全、城市服务、工商业活动在内的各种需求作出智能的响应，为人类创造更美好的城市生活。"

欧盟委员会(European Commission)指出，智慧城市利用技术解决方案改善城市环境的管理和效率，使传统网络和服务通过数字解决方案的使用变得更加高效，从而造福居民和企业。智慧城市不只是为了更好地利用资源和减少排放而使用数字技术，即它不仅意味着更智能的城市交通网络、升级的供水和废物处理设施以及更高效的建筑照明和供暖方式，而且还意味着更具互动性和响应性的城市管理、更安全的公共空间以及满足老龄化人口的需求。

智慧城市委员会(Smart Cities Council)认为智慧城市利用信息通信技术提高其宜居性、可操作性和可持续性。首先，智慧城市通过传感器等感知设备和现有系统收集自身信息。其次，它使用有线或无线网络传输数据。最后，它分析这些数据，以了解现在发生的事情和下一步可能发生的事情。智慧城市在某种程度上具有自我意识，并与市民建立联系。

2015 年 10 月，国际电信联盟电信标准化部门 ITU-T 第 5 研究组就智慧城市的定义达成一致："智慧可持续城市是创新城市，它利用 ICT 和其他手段改善生活质量、提高城市运作和服务效率并加强竞争力，确保人们对当前和未来的经济、社会和环境需求得以满足。"

也有学者认为，智慧城市是由 ICT 组成的框架，用于开发、部署和促进可持续发展实践，以应对城市化挑战。ICT 框架通过使用无线技术和云传输数据，连接联网设备和对象网络，基于云的物联网应用程序接收、分析和管理数据，以帮助地方政府、企业和居民作出更好的决策，从而提高生活质量。

李德仁院士提出了关于智慧城市的公式，即智慧城市 = 数字城市 + 物联网 + 云计算。他认为智慧城市是基于数字城市、物联网和云计算建立的现实世界与数字世界的融合，以实现对人和物的感知、控制和智能服务。智慧城市在经济转型发展、城市智慧管理和对大众的智能服务方面具有广泛的发展前景，会使得人与自然更加协调发展。

王家耀院士认为，智慧城市就是城市更聪明，是通过互联网把无处不在的被植入城市的智能化传感器连接起来形成物联网，实现对物联城市的全面感知；利用云计算技术对感知信息进行智能处理和分析，实现网上"数字城市"与物联网的融合并发出指令，对包括政务、民生、环境、公共安全、城市服务、工商活动等在内的各种需求作出智能化响应和智能化决策支持。他还指出，新型智慧城市是适应新型城镇化建设的需要，以信息化创新引领城市发展转型，全面推进新一代 ICT 与城市发展融合创新，加快工业化、信息化、城镇化、农业现代化融合，提高城市治理能力的现代化水平，实现城市可持续发展的新路线、新模式、新形态。

国家信息中心信息化和产业发展部主任单志广认为，智慧城市不是单纯地由技术定义，它是城市发展方式的智能化。未来的技术动力有"五个+"效应，分别是互联网 + 流量驱动效应、大数据 + 数据驱动效应、人工智能 + 算法驱动效应、移动通信 + 效率驱动效应和区块链 + 可信驱动效应。只有把这些技术优势和城市发展深度结合才能形成智能化、便捷化、人性化的未来城市。

宁波市对智慧城市的定义是：充分利用现代信息技术，汇聚人的智慧，赋予物以智能，使汇集智慧的人和具备智能的物互存互动、互补互促，以实现经济社会活动最优化的城市发展新模式和新形态。

智慧城市是当今世界诸多国家在推进产业和城市信息化进程中的前沿理念和探索实践，是对现有互联网技术、物联网技术、智能信息处理等信息技术的高度集成，其大规模应用是未来全球新的经济增长点之一。智慧城市的核心理念是将城市可持续发展、民生核心需求作为关注点，将信息技术与城市经营服务理念进行有效融合，通过对城市的地理、资源、环境、经济、社会等系统进行数字网络化管理，对城市基础设施、基础环境、生产生活相关产业的多方位数字化、信息化的实时处理与利用，构建以政府、企业、市民三大主体的交互、共享平台，为城市治理与运营提供更简洁、高效、灵活的创新服务模式，从而推进现代城市运作更安全、更高效、更便捷、更绿色的和谐目标。智慧城市通过发挥空间信息承载应用这一技术手段的巨大潜力，以可持续发展理念大幅提升现代化城市管理与服务水平。

1.2 智慧城市产生的背景

1.2.1 智慧城市产生的社会背景

自 2008 年 IBM 首次提出"智慧地球"概念以来，智慧城市在国内外受到了广泛关注，持续引发了全球智慧城市的发展热潮，很多国家和地区展开了相关探索实践。智慧城市的新理念及新模式推动了新一轮城市的发展演变，它的产生有其特殊的现实背景。

首先，智慧城市的产生是后金融危机时代提振经济信心、寻求新经济增长点的现实需求。2008 年全球金融危机爆发，对全球经济发展造成巨大打击，致使全球出现经济下滑、失业率进一步提高等问题。IBM 作为科技巨头之一，其在 2007 年的福布斯全球企业 2000 强排行中位列第 42 位，是历史最低。2008 年，IBM 同样受到了金融危机的影响，营收压力巨大。为此，IBM 提出"智慧地球"战略，并为这一战略推出了各种"智慧"解决方案，如智慧城市、智慧医疗、智慧企业等。IBM 也希望其在全球推出的"智慧地球"战略能够与中国的基础设施建设结合，引入"智慧"理念。世界各国纷纷提出建设"智慧国家""智慧城市"的发展战略，通过加大投资带动相关产业的发展，以促进经济的复苏与发展，积极应对经济发展困境。

其次，智慧城市的产生是解决当前众多城市病的现实需求。联合国经济和社会事务部人口司发布的世界各国及其主要城市群的城乡人口估计数和预测数显示：2013 年全球有

50%的人口居住在城市；2020 年亚洲有 50%的人口居住在城市；到 2035 年，非洲将有 50%的人口居住在城市；到 2050 年，全球将有超过 75%的人口居住在城市，城市人口总数将从 36 亿增长到 63 亿，世界总人口将从 70 亿增长到 93 亿。2020 年第七次全国人口普查数据显示：2020 年我国常住人口城镇化率达到了 63.89%，而 2010 年的城镇化率还不足 50%，这说明我国的城镇化率保持了高速增长。然而，在城市的快速发展过程中，诸如交通拥挤、住房紧张、供水不足、能源紧缺、环境污染、秩序混乱等"城市病"日益突出，对城市健康发展构成了巨大压力，给市民工作和生活带来了很大的不便，降低了人们的幸福感。为此，为了改变当前城市建设发展面临的困境，许多城市提出建设智慧城市的愿景，以此来改变城市建设、发展与运营的传统模式，为城市发展注入新的活力。

最后，智慧城市的诞生是人们追求美好生活及展示智慧成果的自然需求。城市是社会生产力发展和科技进步的结果，是人类追求美好生活、不断创新发展的智慧结晶。因此，智慧城市理念的提出是在信息技术及经济社会不断向前发展的情况下，人们对城市建设与发展寄予的更高期望，也是人们不断创造价值、追求美好生活的自然表现。

1.2.2　智慧城市产生的技术背景

智慧城市以新一代信息技术为支撑，对城市进行感知、分析、处理和整合，实现更全面的感知、更广泛的互联、更高效的协同、更精准的管控、更深度的融合、更和谐的发展。智慧城市的技术框架主要可以分为感知层、网络层、平台层、应用层等四个层次。

感知层以物联网技术为基础，承担数据感知和信息收集的作用，涉及各类型传感器、条形码、二维码、RFID(Radio Frequency Identification，射频识别)、NFC(Near Field Communication，近场通信)、实时定位等感知技术，实现了智慧城市中的物与物、人与物、人与人的全面感知和互联互通。网络层和平台层将通信网、互联网、物联网等采集的信息进行分析处理，把感知到的信息无障碍、高可靠、高安全地进行传输，实现更加广泛的互联功能。在应用层，智慧城市与终端用户完成交互，提供面向企业、个人以及公共服务的应用，支撑跨行业、跨应用、跨系统之间的信息协同、共享、互通。

1.2.3　智慧城市产生的政策背景

智慧城市的建设离不开政府的推动，更离不开政策的指引。国内外很多国家和地区出台了一些关于智慧产业、智慧城市建设等方面的政策，力争在新一轮城市竞争中占据制高点。韩国于 2004 年提出了"U-Korea"计划，希望提前进入智慧社会；新加坡于 2006 年启动了"智慧国 2015"计划；美国于 2009 年提出了智能电网发展计划，2010 年 3 月正式推出了高速宽带发展计划等；英国于 2009 年发布了"数字英国"计划；欧盟于 2009

年首先推出了"物联网行动计划",随后又提出了建设智慧城市的具体计划;日本于 2009 年 7 月提出了"i-Japan 战略 2015"等;南非于 2021 年提出了新的"Lanseria"超级智慧城市计划。

2012 年 12 月 5 日,我国住建部正式发布《关于开展国家智慧城市试点工作的通知》,这是我国首次发布关于智慧城市建设的正式文件,同时印发《国家智慧城市试点暂行管理办法》和《国家智慧城市(区、镇)试点指标体系(试行)》两个文件,从此拉开了我国智慧城市建设的序幕。科学技术部(以下简称科技部)于 2013 年 10 月正式公布大连、青岛等 20 个智慧城市试点城市。2015 年 3 月,智慧城市和"互联网+"首次写进国家层面的政府工作报告,引发了社会各界的高度关注。2016 年 3 月 17 日,正式公布的"十三五"规划纲要提出,"以基础设施智能化、公共服务便利化、社会治理精细化为重点,充分运用现代信息技术和大数据,建设一批新型示范性智慧城市"。2018 年 6 月,国家标准《智慧城市顶层设计指南》GB/T 36333—2018 正式发布。2021 年 3 月,新华社全文刊发《中华人民共和国国民经济和社会发展第十四个五年规划和 2035 年远景目标纲要》,其中明确提出"构建智慧城市和数字乡村"及"构筑美好数字生活新图景"。2021 年 4 月,国家发展和改革委员会(以下简称发改委)印发《2020 年新型城镇化建设和城乡融合发展重点任务》,提出"建设新型智慧城市"。

不仅国家层面有各项政策的指引,地方层面也积极推进,各地纷纷发布智慧城市建设政策文件,开启了"十四五"开局之年智慧城市发展的新篇章。上海市发布了《关于全面推进上海城市数字化转型的意见》,无锡市发布了《无锡市新型智慧城市顶层设计方案》,苏州市发布了《苏州市推进数字经济和数字化发展三年行动计划(2021—2023 年)》,深圳市发布了《深圳市人民政府关于加快智慧城市和数字政府建设的若干意见》;中国香港于 2017 年 12 月公布了《香港智慧城市蓝图》,在智慧出行、智慧生活、智慧环境、智慧市民、智慧政府以及智慧经济六个范畴内提出 76 项措施,2020 年公布的《蓝图 2.0》提出了超过 130 项措施,继续优化和扩大现行城市管理工作和服务。

此外,全球最大的非营利性专业技术学会 IEEE 于 2013 年成立 IEEE 智慧城市委员会,并发起了智慧城市试点计划,要从全球遴选 10 个城市作为 IEEE 智慧城市的试点。无锡市于 2014 年申请并成功入选,成为亚洲唯一入选的城市。2016 年,国际电联和联合国欧洲经济委员会(UNECE)启动了"共建可持续智慧城市"(U4SSC)全球平台,提倡通过制定公共政策,鼓励使用 ICT,方便和简化向可持续智慧城市的转型。该平台现在得到了其他 14 个联合国机构的支持。U4SSC 为可持续智慧城市制定了一套关键绩效指标(KPI),为政策制定者和城市利益相关者提供监测和自我评估技术,允许城市在五个主要领域设定目标、收集数据并衡量城市"智慧性"和"可持续性"情况,包括无锡在内的全球 50 多个城市已在实施这些关键绩效指标。

1.3 我国智慧城市的发展历程

从 2008 年智慧城市概念提出至今，经过十多年的探索，我国智慧城市建设持续深化，从政策引领、技术进步、产业推进等角度综合考虑，大体上可以分为探索实践(2009—2014年)、规范调整(2014—2015 年)、战略攻坚(2015—2017 年)和全面发展四个阶段。探索实践阶段的特点表现为各地的智慧城市建设各自为政，较为分散无序；在规范调整阶段，国家开始总体统筹，并发布文件来协同指导各地的智慧城市建设；战略攻坚阶段的特点表现为国家战略的上升，各类系统进一步整合；在当前全面发展阶段，各地智慧城市的特点更为突出。

在智慧城市建设的探索期，各部门、各地方按照自己的理解推动智慧城市建设，相对分散和无序。在这个时期，有关智慧城市的各项政策还处于探索阶段，没有统一的标准，也没有牵头的归口部门。如前文所述，2012 年住建部正式发布有关智慧城市试点工作的通知并印发两个相关文件，科技部于次年公布了 20 个智慧城市试点城市。2012 年，国家测绘地理信息局(以下简称国测局)下发了《关于开展智慧城市时空信息云平台建设试点工作的通知》。2013 年，住建部召开创建国家智慧城市试点工作会议，并公布首批 90 个国家智慧城市试点名单。

2014 年 8 月 27 日，为规范和推动智慧城市的健康发展，构筑创新 2.0 时代的城市新形态，引领创新 2.0 时代中国特色的新型城市化之路，经国务院同意，国家发改委等八部委印发《关于促进智慧城市健康发展的指导意见》，成立了"促进智慧城市健康发展部际协调工作组"，这预示我国的智慧城市建设进入了规范调整期，各个部门开始协同指导地方智慧城市建设。同年，《国家新型城镇化规划(2014—2020 年)》正式出台，以推进智慧城市建设作为推动新型城市建设的目标之一。2015 年 3 月，智慧城市首次写进国家层面的政府工作报告，引起社会各界的广泛关注。2015 年 12 月，原有的各部门司局级层面的协调工作组升级为由部级领导同志担任工作组成员的协调工作机制，工作组更名为"新型智慧城市建设部际协调工作组"，由发改委和中央网络安全和信息化委员会办公室(以下简称中央网信办)共同担任组长单位。

2015 年 12 月起，我国的新型智慧城市理念被提出并上升为国家战略，智慧城市成为国家新型城镇化的重要抓手，主要任务包括促进跨部门、跨行业、跨地区的政务信息共享和业务协同，强化信息资源社会化开发利用，推广智慧化信息应用和新型信息服务，促进城市规划管理信息化、基础设施智能化、公共服务便捷化、产业发展现代化及社会治理精细化。2016 年的政府工作报告要求深入推进新型城镇化，建设智慧城市。"十三五"规划纲要进一步将智慧城市列为"新型城镇化建设重大工程"，要求建设一批新型示范性智慧城市。2016年4月，中央网络安全和信息化领导小组组长习近平在主持召开的"网络安全与信息化工作座谈会"中强调指出分级分类推进新型智慧城市建设。同年11月22日，国家发改委、中央网信办、国家标准化管理委员会(以下简称国家标准委)联合发布《新型智慧城市评价指标(GB/T 33356—2016)》，正式启动2016年新型智慧城市评价工作。这段时期是我国智慧城市建设的战略攻坚期。

2017年12月以来，我国智慧城市建设进入了全面发展期，智慧城市数量不断攀升，试点城市超过500个，初步形成了长三角、珠三角等智慧城市群(带)。智慧城市建设涉及的场景逐渐覆盖政务、民生、产业、城市运营等诸多方面。智慧城市建设水平不断提升，信息化、智能化技术得到越来越多的应用。在智慧城市的建设中，各个城市结合自身特点和优势，取得了各具特色的建设成果。

2021年12月，中央网络安全和信息化委员会(以下简称中央网信委)印发《"十四五"国家信息化规划》，在"构筑共建共治共享的数字社会治理体系"的重大任务中，提出推进新型智慧城市高质量发展，要求因地制宜推进智慧城市群一体化发展，围绕公共交通、快递物流、就诊就学、城市运行管理、生态环保、证照管理、市场监督、公共安全、应急管理等重点领域，推动一批智慧应用区域协调联动，促进区域信息化协调发展。

中国信息通信研究院从智慧城市的推进方式、信息共享、重点技术和驱动方式四个方面综合考虑，将中国智慧城市发展分为概念导入期、试点探索期、统筹推进期和集成融合期，如图1-1所示。

在概念导入期，智慧城市提出的主要概念是智慧地球、数字城市，以多个行业应用的数字化和网络化来驱动，由无线通信、光纤宽带等通信技术，HTTP等信息分发技术，GIS、GPS等定位技术来支撑。这个阶段的信息共享能力尚不足，多数行业应用的系统仍是以零散的方式搭建的，由国外软件系统集成商主导，如IBM、Oracle等。

在试点探索期，智慧城市由国家部委牵头开展试点建设，设备供应商和系统集成商则在多个领域加快推进，并且在新兴信息化技术的驱动和全面应用下，加快城镇化的步伐。RFID、2G/3G/4G等无线通信技术以及云计算、面向服务的架构等成为重点技术。重点项目或重点应用成为信息共享的主要抓手，出现了数据共享交换平台。

在新型智慧城市作为主要发展对象的统筹推进期，以人为本、统筹集约、注重成效的数据大脑是主要驱动方式。NB-IoT、5G等无线通信方式，以及大数据、人工智能、区块链等新一代信息技术是这一时期的重点支撑技术，并出现了面向智慧城市的平台和操作系统。在信息共享方式上，城市大脑(中台)成为主要形式，体现出系统纵横联合、集成为主，根据职能进行共享的特点。这一阶段的建设工作由20余个国家部委推进，呈现出政府指导、市场主导的特点，由国内互联网企业、运营商、软件商和集成商参与建设。

在当前的集成融合期，各平台集约整合、资源融合共享、高效开发、全面赋能，表现出以数字孪生技术驱动的数字城市建设特点。在前一阶段的信息技术基础上，新型测绘技术、模拟仿真技术也成为重点技术。信息共享成为常态，由被动共享向主动共享演进，各部门行业的数据逐渐汇聚整合，形成了城市级别的城市大数据平台、城市信息模型平台。各地的多部门以统筹协调、协同合力的方式共同推进建设，以政企合作、本地运营的方式具体开展工作，跨行业协作生态交织发展。

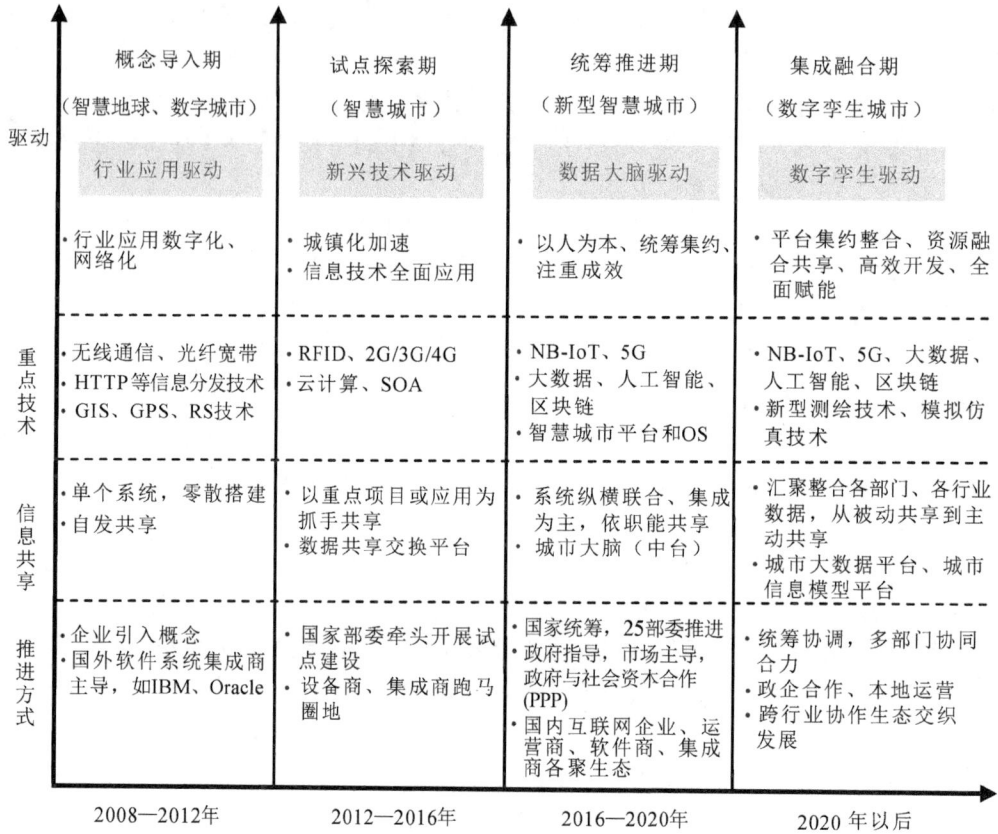

	概念导入期 （智慧地球、数字城市）	试点探索期 （智慧城市）	统筹推进期 （新型智慧城市）	集成融合期 （数字孪生城市）
驱动	行业应用驱动	新兴技术驱动	数据大脑驱动	数字孪生驱动
	· 行业应用数字化、网络化	· 城镇化加速 · 信息技术全面应用	· 以人为本、统筹集约、注重成效	· 平台集约整合、资源融合共享、高效开发、全面赋能
重点技术	· 无线通信、光纤宽带 · HTTP等信息分发技术 · GIS、GPS、RS技术	· RFID、2G/3G/4G · 云计算、SOA	· NB-IoT、5G · 大数据、人工智能、区块链 · 智慧城市平台和OS	· NB-IoT、5G、大数据、人工智能、区块链 · 新型测绘技术、模拟仿真技术
信息共享	· 单个系统，零散搭建 · 自发共享	· 以重点项目或应用为抓手共享 · 数据共享交换平台	· 系统纵横联合、集成为主，依职能共享 · 城市大脑（中台）	· 汇聚整合各部门、各行业数据，从被动共享到主动共享 · 城市大数据平台、城市信息模型平台
推进方式	· 企业引入概念 · 国外软件系统集成商主导，如IBM、Oracle	· 国家部委牵头开展试点建设 · 设备商、集成商跑马圈地	· 国家统筹，25部委推进 · 政府指导，市场主导，政府与社会资本合作(PPP) · 国内互联网企业、运营商、软件商、集成商各聚生态	· 统筹协调，多部门协同合力 · 政企合作、本地运营 · 跨行业协作生态交织发展
	2008—2012年	2012—2016年	2016—2020年	2020年以后

图 1-1　中国智慧城市发展阶段图

第二章 智慧城市框架与评价指标体系

国内外对智慧城市的定义尚未形成统一的结论，但是 ICT 在智慧城市的不同描述中都有着重要的作用，其对智慧城市实际建设的支撑也是毋庸置疑的。2017 年 10 月，中华人民共和国国家质量监督检验检疫总局和中国国家标准化管理委员会发布了名为《智慧城市技术参考模型》的国家标准，对智慧城市的概念模型，智慧城市 ICT 支撑的业务框架、知识管理参考模型、技术参考模型等进行了规范。2016 年 12 月，由新型智慧城市建设部际协调工作组指导的《新型智慧城市评价指标》国家标准正式发布，为评价新型智慧城市建设工作提供了指标依据和核心内容。本章将以这两个国家标准为主要内容，对智慧城市的框架和标准体系进行描述。

2.1 智慧城市 ICT 支撑的框架

2.1.1 业务框架

智慧城市 ICT 支撑的业务框架由业务单元、业务交互、业务目标和服务对象四个模块组成三层结构，并由 IT 能力支撑业务单元和业务交互两个模块，该框架如图 2-1 所示。总体来看，智慧城市的业务框架是与 IT 能力赋能智慧城市各个业务单元和实现业务之间的协同交互，从而实现不同业务目标的，能够为不同类型的服务对象提供终端服务，体现了需求引领、业务实现、技术支撑的融合特点。

智慧城市业务框架的顶层是服务对象，包括社会公众、企业和政府三个类别。针对服务对象的业务目标包括公共服务便捷化、城镇管理精细化、生活环境宜居化、产业体系现代化和基础设施智能化，这些目标包括了城市建设与发展的各个方面。业务目标的达成需要相关业务单元以及这些业务单元之间的交互和协同。智慧城市的相关业务单元包括教育培训、体育文化、健康医疗、市政管理、社会保障、城市建设、环境管理等多个方面，这些业务单元之间的交互包括城市应急、协同审批、决策管理、产业布局、环境治理等。近年来，很多城市都提出了"一网通办"的业务系统，这与业务交互层面的工作是一致的。在 IT 能力的要求上，需要依托 IT 的建设管理体系、安全保障体系、运维管理体系，具备物联感知、网络通信、计算与存储、数据融合及服务融合的能力。

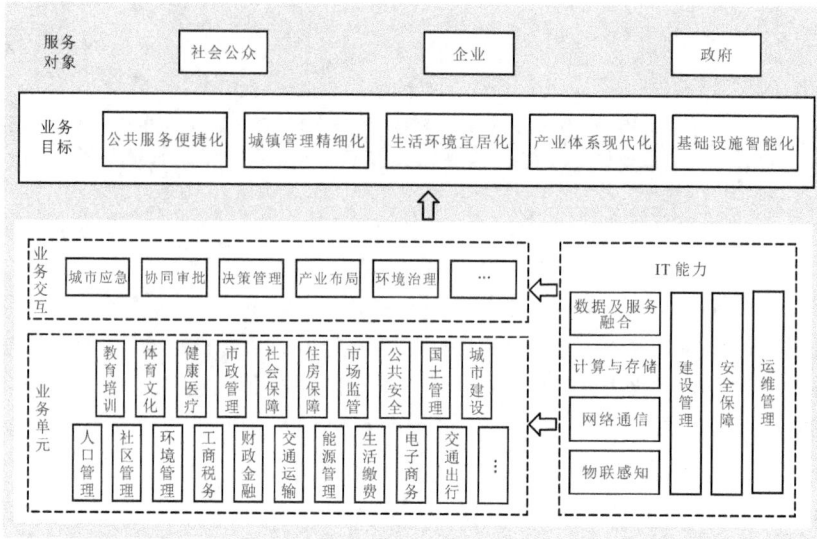

图 2-1　智慧城市 ICT 支撑的业务框架

2.1.2　技术参考模型

智慧城市 ICT 视角的技术框架从智慧城市的信息化整体建设出发,以业务框架为指导,基于 IT 能力需求来定义,如图 2-2 所示。

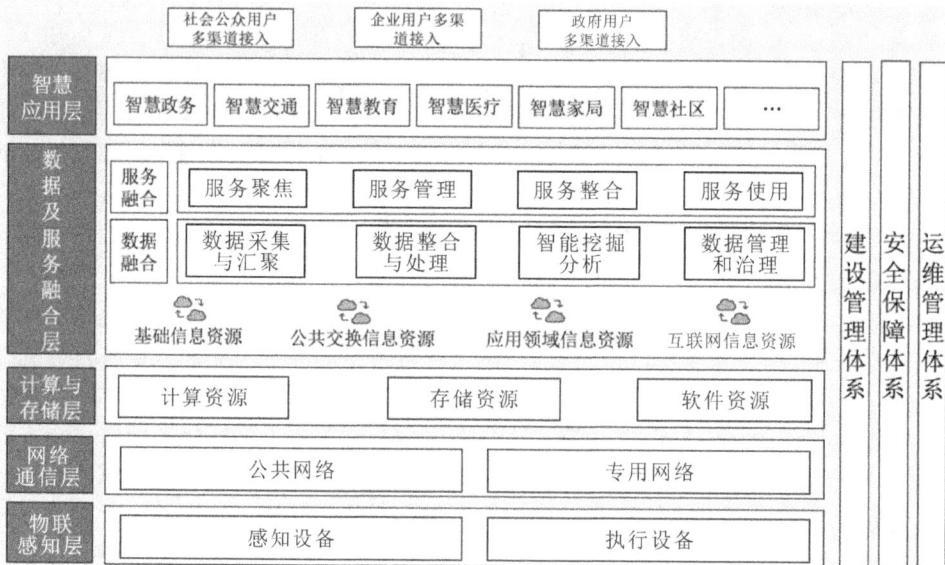

图 2-2　智慧城市 ICT 支撑的技术参考模型

在技术参考模型中，向社会公众、企业用户、政府用户直接提供各种服务的是智慧应用层，比如智慧政务、智慧交通、智慧教育、智慧医疗、智慧家居、智慧社区、智慧环保、智慧养老、智慧水务、智慧电力、智慧城管、智慧消防、智慧物流、智慧农业、智慧旅游、智慧能源等，是智慧城市各种模块的集中体现。数据及服务融合层向上为智慧应用层的各类应用提供支撑，对下承接计算与存储层的服务，在整个模型中起着承上启下的作用。在数据融合方面，需要数据采集与汇聚、数据整合与处理、智能挖掘分析、数据管理和治理等功能；在服务融合方面，需要具备服务聚焦、服务管理、服务整合等功能。该层涉及的资源包括基础信息资源、公共交换信息资源、应用领域信息资源、互联网信息资源等。计算与存储层需要提供包括计算资源、存储资源、软件资源等在内的各种服务，往往可以通过云计算的方式来实现。面向智慧城市建设的网络通信层总的来说包括公共网络和专用网络两个类别，其中公共网络一般由网络运营商建设，给公共用户提供网络服务，包括互联网、电信网、广播电视网以及三网之间的融合等；专用网络主要面向超高流量密度、超高连接密度和超高移动性的应用场景，是针对特定行业、特定部门专门构建的，比如在公共安全、社会管理、应急通信等领域，对海量信息的安全性、可靠性和实时性有很高的要求，需要专用网络的支持。物联感知层是信息采集的关键部分，通过各类型感知设备，如 RFID 标签和读写器、GPS、二维码标签和识读器、摄像头等，实现智慧城市中基础设施、环境、建筑、安全等方面的识别、信息采集与检测。与此同时，该层还包括各类型执行设备，如环境控制设备、安全执行设备等。

为确保智慧城市建设的整体性、安全性、统一性、科学性、合理性及其长效运行，要在建设管理体系、安全保障体系和运维管理体系上加以考虑。建设管理体系为智慧城市建设提供整体的建设管理要求，在管理机制上予以加强并能指导智慧城市的相关建设。安全保障体系通过构建统一的安全平台来保障智慧城市建设的安全性，安全平台为各个层次的系统和应用提供统一入口、统一认证、统一授权、运行跟踪、应急响应等安全机制。运维管理体系同样要为各个层次的系统和应用提供整体的运维管理机制，确保智慧城市整体的建设管理和运行维护。

2.2 住建部城市信息模型(CIM)

为了指导全国各地开展城市信息模型(City Information Modeling，CIM)基础平台建设，住建部于 2021 年 5 月印发了修订后的《城市信息模型(CIM)基础平台技术导则》，以推动城市转型和高质量发展，推进城市治理系统和治理能力现代化。CIM 基础平台是智慧城市的基础支撑平台，可以为智慧城市的各种应用提供丰富的信息服务和开发接口，为智慧城市应用的建设和运行提供支撑。CIM 基础平台的总体架构如图 2-3 所示。

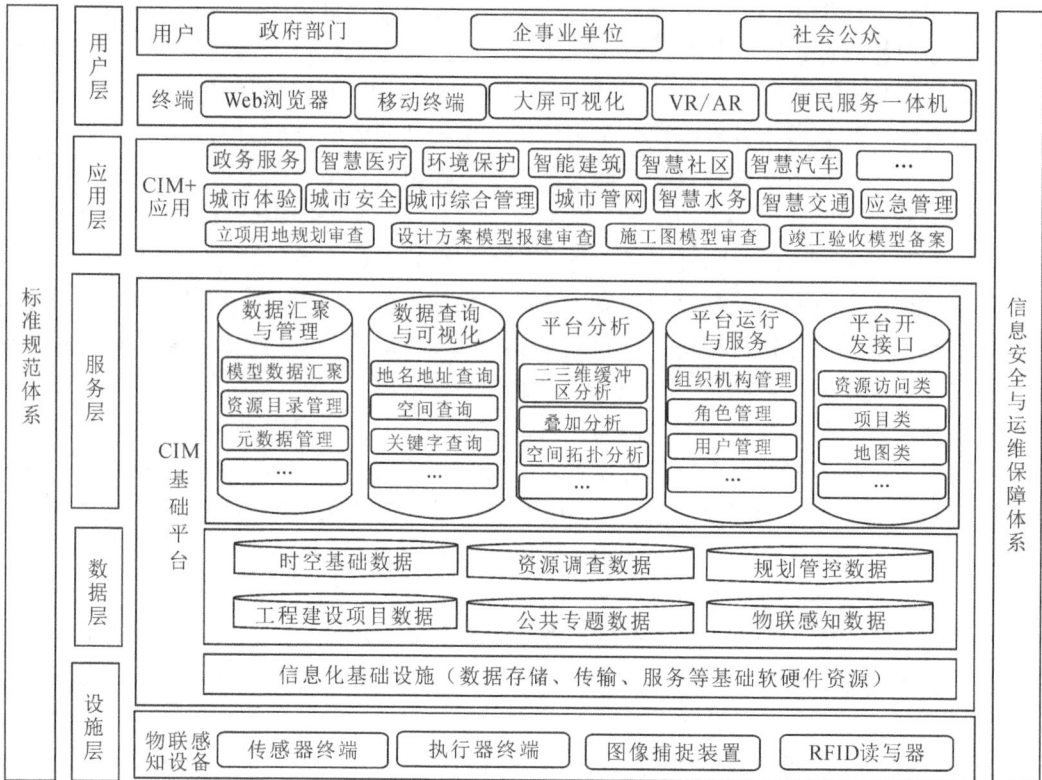

图 2-3　CIM 基础平台总体架构

CIM 基础平台总体架构包括设施层、数据层和服务层三个层次和标准规范体系、信息安全与运维保障体系两大体系。相邻两个层次之间的上层对下层存在依赖关系,两大体系对纵向的各个层次都有约束关系。此外,总体架构中的应用层和用户层两个层次,是对服务层的具体体现。

1. CIM 基础平台的设施层

设施层包括物联感知设备和信息化基础设施。物联网感知设备包含传感器终端、执行器终端、图像捕捉装置、RFID 读写器等。各类传感器终端可以对城市中的人、车、物、基础设施、地下管网、气象、环境和资源、企业、地理、民生服务等要素进行自动感知、自动数据采集和自动控制。各类执行器终端具有两方面的作用,一是形成由各类感知终端组成的覆盖全市(区、镇)的感知控制网络,进行城市各类要素的自动感知、数据的自动采集以及自动控制;二是对感知控制网络进行有效的管理,确保各感知终端正常工作。信息化基础设施包含数据存储、数据传输、数据服务等基础软硬件资源。数据传输需要将设施层采集的信息通过各种网络汇总、传输，将相关信息进行整合、处理和应用。

2. CIM 基础平台的数据层

智慧城市是一个包罗万象的复杂系统，其数据层是"智慧"的来源。数据层需要汇聚下层提供的各类信息进行通用编码、存储、整合等处理并存入各专业数据库，组成数据平台；然后为上层提供各类数据，经过数据处理、汇聚转换并加载到云存储数据仓库，形成公共资源数据中心。数据层包括采集到的各类数据，具体有时空基础数据、资源调查数据、规划管控数据、工程建设项目数据、公共专题数据和物联感知数据。

3. CIM 基础平台的服务层

服务层提供包括数据汇聚与管理、数据查询与可视化、平台分析、平台运行与服务、平台开发接口在内的各种服务。服务层为上层应用提供承载运行环境，在满足应用隔离要求的同时，提供具备高性能和可伸缩性的公共信息服务平台，起到承上启下的重要作用。服务层通过模型数据汇聚、资源目录管理、元数据管理、数据清洗、数据转换、数据导入导出、数据更新、专题图制作、数据备份、数据恢复等实现数据汇聚与管理；通过地名地址查询、空间查询、关键字查询、模糊查询、组合条件查询、要素查询、模型查询、模型元素查询、关联信息查询、多维度多指标统计等方式提供数据查询；以二三维缓冲区分析、叠加分析、空间拓扑分析、通视分析、视廊分析等方式实现平台分析功能。平台运行与服务包括组织机构管理、角色管理、用户管理、统一认证、平台监控、日志管理等功能，还能够提供 CIM 资源、服务、功能和接口的注册、授权和注销等服务。在平台开发接口的提供上，服务层提供丰富的开发接口或者开发工具包，如资源访问类接口、项目类接口、地图类接口、三维模型类接口、BIM 类接口、控件类接口、数据交换类接口、事件类接口、实时感知类接口、数据分析类接口、模拟推演类接口、平台管理类接口等，支撑智慧城市各行业的 CIM 应用。

4. CIM 基础平台的应用层与用户层

应用层在服务层之上，通过服务层提供的全面服务实现智慧城市各个行业的具体智慧应用。智慧城市的建设将会形成全新的服务经济。城市中的水、电、气的供给都将变成服务，出现新的服务供应商。政府的职能也会因为移动互联网、物联网以及统一管理运营平台的出现，逐渐转变成为公众服务的角色，并在社会管理的过程中逐步转化成服务型政府。这些智慧应用可以分为智慧建设与宜居、智慧管理与服务和智慧产业与经济三个类别。

智慧建设与宜居类智慧应用的主要目的是在智慧城市规划设计、建设管理等环节强化环保、绿色和节能理念，营造绿色低碳的城市环境。城市建设与宜居包括城市建设管理和城市功能提升两部分。城市建设管理由城乡规划、园林绿化、数字化城市管理、历史文化保护、建筑市场管理、建筑节能、房产管理、绿色建筑组成。城市功能提升包括对供水系统、燃气系统、排水系统、供热系统、节水系统、照明系统、垃圾分类、地下管线空间等进行综合管理的应用系统。

　　智慧管理与服务类智慧应用由政务服务、基本公共服务和专项应用三部分组成。政务服务的主要是为了提升政府服务效率和应急管理能力，提高教育、就业、医疗、社保等民生服务水平，保障城市绿色能源和水资源管理，构建安全通畅的城市交通运输系统。政务服务由决策支持、网上办事、信息公开、政务服务系统组成。基本公共服务包括基本公共教育、医疗卫生、劳动就业服务、公共文化教育、社会保险、残疾人服务、社会服务、基本住房保障等。专项应用包括智慧交通、智慧应急、智慧家居、智慧能源、智慧安全、智慧支付、智慧环保、智慧物流、智慧金融、智慧国土、智慧社区、智慧汽车、应急管理、疫情防控等。

　　智慧产业与经济类智慧应用的主要目的是满足城市推动产业经济结构优化、转型升级、可持续发展等方面的支撑需求，主要包括产业规划、产业升级、新兴产业发展。产业规划是通过战略引导与资源配置，协调传统产业升级改造和新兴产业培育发展，推动产业结构优化与可持续发展的重要顶层设计。产业升级由产业要素聚焦、传统产业改造、农业现代化服务组成。新兴产业发展包含高新技术产业、现代服务业和其他新兴产业。

　　用户层是各类智慧应用直接面向由政府部门、企事业单位、社会公众组成的用户群，用以满足日常工作和生活生产需要。各类应用的使用终端包括 Web 浏览器、移动终端、大屏可视化、VR/AR 和便民服务一体机等形式。

5. CIM 基础平台的标准规范体系

标准规范体系要通过建立统一的标准规范来指导 CIM 基础平台的建设和管理，同时应该能与国家和行业的数据标准与技术规范衔接。

6. CIM 基础平台的信息安全与运维保障体系

信息安全与运维保障体系需要按照国家网络安全等级保护相关政策和标准来运行、维护、更新，从而保障 CIM 基础平台各个层次的稳定运行。

2.3　百度智慧城市框架

　　百度是知名的互联网公司，其创始人李彦宏拥有"超链分析"技术专利，使中国成为全球仅有的 4 个拥有搜索引擎核心技术的国家之一。百度每天响应数十亿次的搜索请求，服务来自全球 100 余个国家和地区大约 10 亿的互联网用户。百度也是领先的 AI 公司，在人工智能、大数据、云计算等新一代信息技术方面积累了深厚的技术和产业实践，具有完整的从技术到平台、应用、生态以及人才培养的产业发展赋能体系。百度以云计算为基础，利用人工智能与大数据等技术优势，坚持以人为本，设计了智慧城市解决方案，将城市的各类应用进行深度融合，多方位帮助城市实现智能升级。

2.3.1 整体业务框架

百度智慧城市的整体业务框架分为三个层次，从下向上分别是新一代政务云、百度城市大脑和行业场景与应用，贯穿这三个层次的是智能运营体系与安全保障体系，如图 2-4 所示。

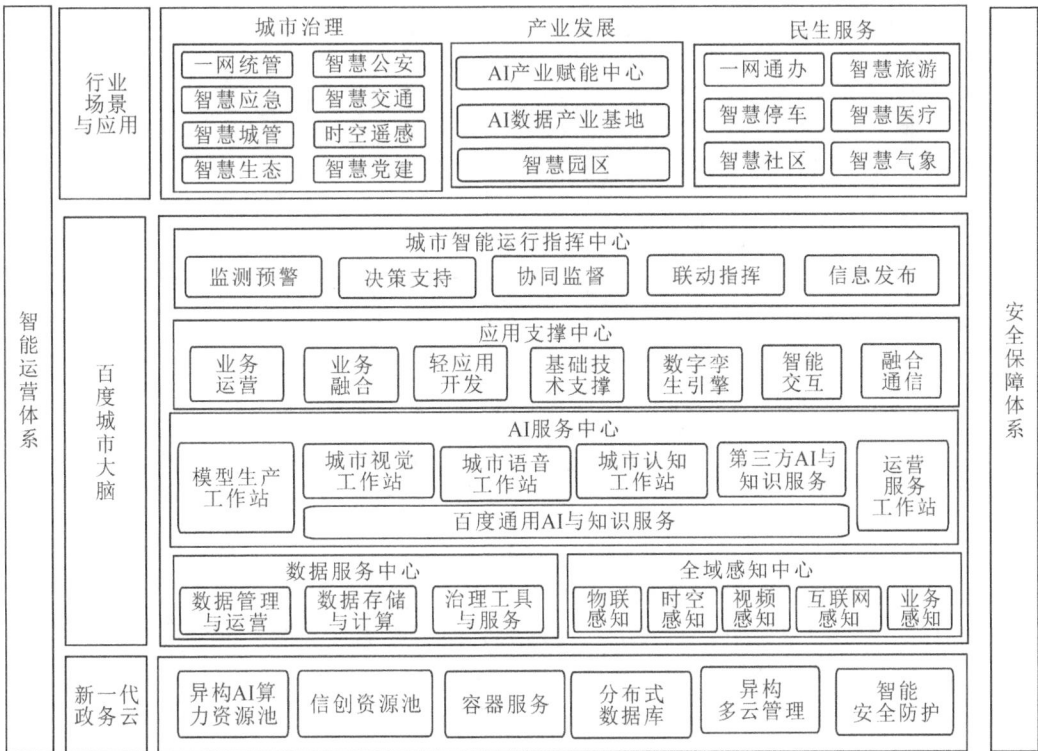

图 2-4 百度智慧城市整体业务框架

新一代政务云是框架的基础，主要以云计算方式提供各种基础服务，包括异构 AI 算力资源池、信创资源池、容器服务、分布式数据库、异构多云管理、智能安全防护等。

百度城市大脑是框架的核心，包括五大中心，分别是数据服务中心、全域感知中心、AI 服务中心、应用支撑中心、城市智能运行指挥中心。

行业场景与应用主要面向城市治理、产业发展和民生服务三个场景。城市治理的应用包括一网统管、智慧公安、智慧应急、智慧交通、智慧城管、时空遥感、智慧生态、智慧党建等方面。产业发展包括 AI 产业赋能中心、AI 数据产业基地、智慧园区等方面。民生服务包括一网通办、智慧旅游、智慧停车、智慧医疗、智慧社区、智慧气象等方面。

2.3.2　百度新一代政务云架构

百度新一代政务云针对传统政务云过于依赖 X86 体系、服务内容不丰富、云资源统一调度能力弱和难以应对新型安全风险等问题，针对国产化信创、PaaS 能力提升、安全可靠、异构云等特点进行设计，架构形式如图 2-5 所示。

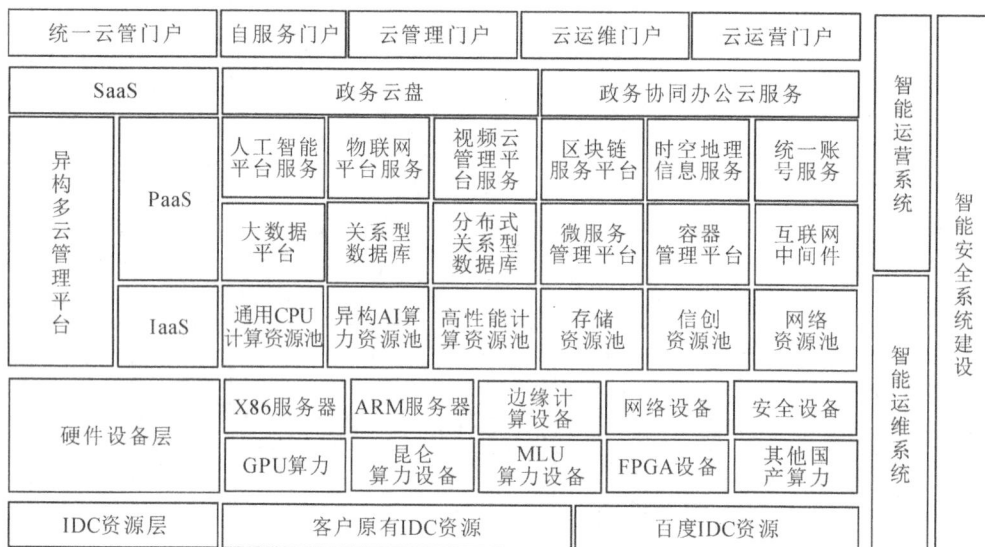

图 2-5　百度新一代政务云架构

新一代政务云的架构丰富了通用云架构的能力，增强了云服务的安全性和统一性，方便了云服务的运营与运维，为智慧城市的建设发展提供了有力基础支撑。图 2-5 所示的架构自下向上由 IDC 资源层、硬件设备层、IaaS 层、PaaS 层、SaaS 层和统一云管门户构成。

IDC 资源层包括客户原有 IDC 资源和百度能够提供的 IDC 资源，提供了较为弹性的 IDC 资源。硬件设备层主要提供非常丰富的硬件计算设备，包括 X86 服务器、ARM 服务器、边缘计算设备、网络设备、安全设备、GPU 算力、昆仑算力设备、MLU 算力设备、FPGA 设备和其他国产算力。在硬件设备层之上，IaaS 层提供计算、存储、网络资源池，包括通用 CPU 计算资源池、异构 AI 算力资源池、高性能计算资源池、存储资源池、信创资源池、网络资源池。PaaS 层提供不同类型的云平台，具体有人工智能平台服务、物联网平台服务、视频云管理平台服务、区块链服务平台、时空地理信息服务、统一账号服务、大数据平台、关系型数据库、分布式关系型数据库、微服务管理平台、容器管理平台、互联网中间件等。SaaS 层提供政务云盘、政务协同办公云服务。统一云管门户由自服务门户、云管理门户、云运维门户和云运营门户构成。

2.3.3 百度城市大脑组件的内在联系

百度城市大脑的五大中心之间也存在着层次关系，在数据流向、业务流向、技术流向上有明确的体现。

五大中心的组件关系如图 2-6 所示。感知中心和数据服务中心的功能是提供数据基础设施，AI 服务中心提供从城市事件发现到城市事件归因的逻辑转换，应用支撑中心提供大脑运营和赋能支撑，城市智能运行指挥中心为城市大脑各类型场景应用提供服务。由图 2-6 可见，全息数据汇聚工作由感知中心和数据服务中心来完成，形成数据流和视频流之后，在 AI 服务中心由城市智能引擎完成从感知到逻辑的判断，得到 AI 原子组件、数据原子组件和技术原子组件并交由应用支撑中心，通过城市智慧引擎完成应用分析，再得到 AI 应用组件、业务应用组件和交互应用组件，最后在城市智能运行指挥中心完成城市智慧应用，服务城市治理、产业发展和民生服务。

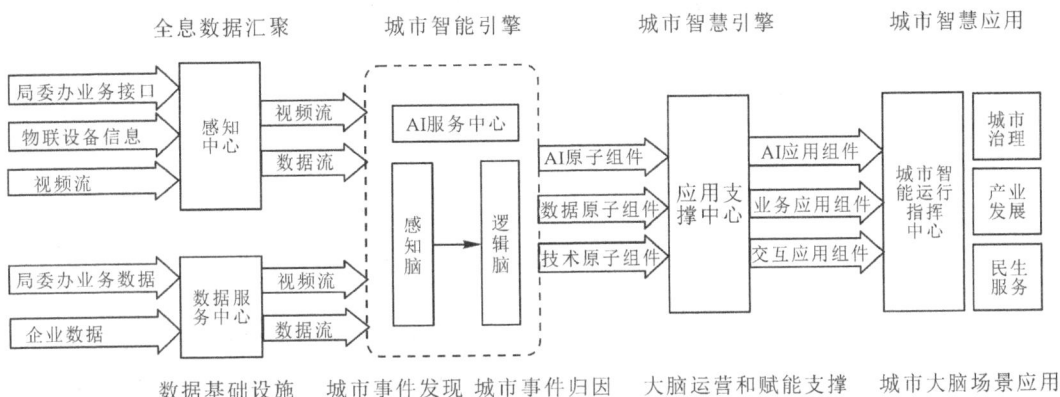

图 2-6 百度城市大脑组件关系

数据服务中心基于百度在信息处理、知识管理、人工智能、区块链等方面的技术基础，共享数据资源，以业务需求驱动，为智慧城市应用提供数据资源服务，包括数据管理与运营、数据存储与计算、数据治理工具与服务。数据服务中心的架构如图 2-7 所示。数据服务中心共有 7 个层次，自下而上为源数据层、计算存储层、服务支撑层、数据治理层、数据模型层、数据服务层、融合应用层。

融合应用层	一网通办	一网统管	产域发展	城市管理	...	外部对接	委办局	上下级政府	企业公众			
数据服务层	数据交换服务		数据智能交互		知识图谱服务		数据交易服务		支撑体系	标准规范体系	安全保障体系	运营运维体系
数据模型层	基础库		主题库			政务知识模型库				标准规范体系	安全保障体系	运营运维体系
	人口库	法人库	人员主题	车辆主题	案件主题	网上办事服务知识模型						
	空间地理库	信用库	街道主题	园区主题	工地主题	接诉即办事件分析模型						
数据治理层	数据治理/数据处理				知识库							
	数据采集和集成	数据质量管理	数据ID映射	知识生产	知识组织							
	数据血缘分析	数据资产管理	数据安全管理	知识获取	知识应用							
服务支撑层	区块链引擎		知识图谱引擎		智能问答引擎							
计算存储层	大数据平台	通用数据库系统	文档数据库系统	时空数据库系统	图数据库/图计算							
源数据层	政府数据资源					百度数据资源						
	政务数据	物联网数据	互联网数据	视频数据	...	时空大数据	舆情大数据	用户画像数据				
	时空数据	数字孪生	社会数据	其他数据	...							

图 2-7　百度城市大脑的数据服务中心架构

源数据来源于政府数据资源和百度独有的数据资源。政府数据资源主要有政务数据、物联网数据、互联网数据、视频数据、时空数据、数字孪生、社会数据等；百度的数据资源有时空大数据、舆情大数据和用户画像数据。计算存储层要实现各种结构的数据存储，包括大数据平台、通用数据库系统、文档数据库系统、时空数据库系统和图数据库/图计算。服务支撑层需要提供数据服务的引擎，如区块链引擎、知识图谱引擎、智能问答引擎等。

源数据的治理工作在数据治理层完成，需要执行数据治理或处理以及知识库工作。数据治理的工作包括数据采集和集成、数据质量管理、数据 ID 映射、数据血缘分析、数据资产管理、数据安全管理等方面。知识库的作用有知识生成、知识组织、知识获取和知识应用。

治理完成的数据将通过数据模型层构建为不同类别的模型库，包括基础库、主题库和政务知识模型库。基础库是智慧城市的基础信息库，如人口库、法人库、空间地理库、信用库等。按照不同的服务主题，主题库有人员主题、车辆主题、案件主题、街道主题、园区主题、工地主题等方面。政务知识模型库包括网上办事服务知识模型和接诉即办事件分析模型。

数据服务层基于各类数据模型为融合应用层提供数据服务，如数据交换服务、数据智能交互、知识图谱服务、数据交易服务等。融合应用层为委办局、各级政府、企事业单位、公众等提供各类应用，包括一网通办、一网统管、产域发展和城市管理等。数据服务中心的安全规范运行依赖于标准规范体系、安全保障体系和运营运维体系的支持。

全域感知中心为了全面描述城市的面貌，实现城市治理中多源数据采集和数据孪生，提升精细化城市治理水平，在物联感知、时空感知、视频感知、互联网感知和业务感知等方面提供感知能力。

图 2-8 是通过物联感知实现城市"生命体征"的实时监测示意，涉及气象控温、固废管理、土壤质量监测、结构安全、停车诱导、公共安全、供气管网泄漏监测、管网漏损检测、废水排放检测、饮用水源地监测等环境安全、城市安全和资源管理及监测方面全方位、全时段地覆盖物联感知角落。

智慧城市规划	环境安全	城市安全	资源管理及监测
	气象控温 降雨、温湿度、风向、风速	结构安全 桥梁压力、裂缝、结构安全检测	危化品管理 危化品出入库、用量监测
	废气排放检测 污染物排放浓度	智能路灯 根据环境光照自动控制开启	风险源监控 风险点(如放射源位置)
	电磁辐射监测 通信塔、基地电磁辐射	街道安全 违规停车、安全隐患监管	供气管网泄露监测
	河流断面监测 水污染浓度、水质等级	车位提醒 自动提醒附近停车位信息	管网漏损检测 供水、排水水量漏损
	固废管理 垃圾箱满溢告警	停车诱导 智能提醒车位位置、同行引导	废水排放检测 废水排放量、污染物浓度
	土壤质量监测 土壤环境质量、营养元素等	公共安全 吸音、拥挤程度、人流量	饮用水源地监测 饮用水源水质、等级

图 2-8　百度城市大脑的物联感知应用场景

AI 服务中心是百度城市大脑的核心组成，支持 AI 技术落地应用的全流程，具有自我训练、自我提升、持续演进、能力增强等能力。它的主要功能模块有模型生成工作站、城市视觉工作站、城市语音工作站、城市认知工作站、第三方 AI 与知识服务、运营服务工作站、百度通用 AI 与知识服务。这些功能模块包括了 AI 领域应用服务最多的场景需求，对破解城市 AI 应用难题有较好的支撑。AI 服务中心还开发了 AI 测试数据集和训练数据集，能够为 AI 产业的发展、第三方 AI 应用的发展起到重要的支撑与推动作用。

图 2-9 是 AI 服务中心在北京某中心城区的应用案例，主要解决了 AI 算法应用场景分散、算法与应用绑定、算力设备依赖国外产品、算法缺少学习演化能力、AI 产业应用平台缺失等问题。该应用案例中，AI 服务中心分为算力平台、算法平台和运营平台三个方面，这三个方面之间有清晰的界限和紧密的联系，较好地区分了 AI 服务的各个

功能。在算力平台方面，不仅包括英伟达 GPU，还有国产寒武纪 MLU、比特大陆 TPU
等众多 AI 芯片算力设备。算法平台的设计上，由模型管理和调度系统对各类算法模型
进行统一管理；算法工程系统提供数据标注、模型服务、模型训练、深度学习框架等
一体化能力；自然语言处理系统和视频图像智能分析系统分别完成各自的处理分析功
能。运营平台包括应用服务和运营管理两个方面，其中应用服务给城市大脑的各种业
务场景提供接口封装、调度和管理服务，运营管理包括模型运行、服务管理、算力评
测、算法评测和应用管理。

图 2-9　百度城市大脑 AI 服务中心的应用案例

　　应用支撑中心对外部应用提供赋能支撑，主要有业务运营、业务融合、轻应用开发、
基础技术支撑、数字孪生引擎、智能交互、融合通信等功能，在业务流程打通、业务融合
实现上有快速响应能力。

　　城市智能运行指挥中心依托百度在 AI、地图以及互联网实时数据等方面的优势，为城
市管理者提供从感知到认知、从预测到决策、从联动智慧到监督考核的全流程管理，以大
屏形式提供直观交互，具有监测预警、决策支持、协同监督、联动指挥、信息发布等主要

功能。

图 2-10 是百度城市智能运行指挥中心的架构，是在 AI 服务中心提供服务支撑的基础上，由应用支撑中心实现城市运行支撑平台、业务场景支撑平台和统一交互支撑平台后，在指挥中心实现的面向城市管理者的全流程管理。

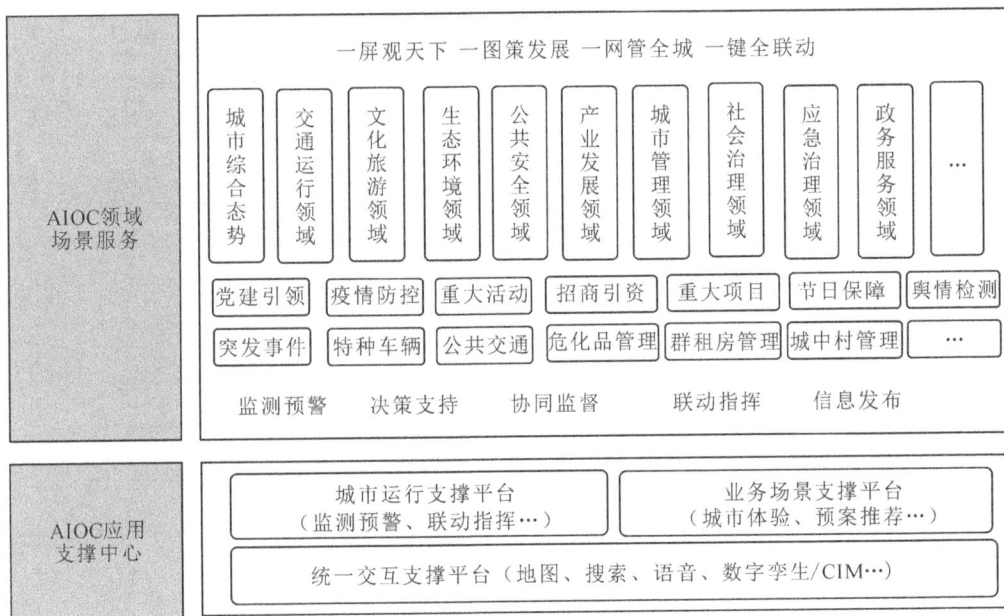

图 2-10　百度城市智能运行指挥中心的架构

2.4　智慧城市的评价指标体系

2.4.1　指标体系总体框架

智慧城市在全国各地展开了广泛的实践，各地方政府、行业、研究机构等都提出了发展模式、解决方案、建设规划。通过智慧城市评价指标体系可以评价智慧城市的建设、服务、运行和管理等方面的智慧程度，通过智慧化指数来度量建设的成果，帮助发现和明确城市的建设方向和重点，起到以评促建、以评促改的效果，规范地引导智慧城市的建设发展方向。由全国信息技术标准化委员会提出并归口的《新型智慧城市评价指标》国家标准于 2016 年 12 月发布并实施，包括主观指标和客观指标，涵盖惠民服务、精准治理、生态宜居、智能设施、信息资源、网络安全、改革创新和市民体验 8 个一级指标和包括政务服务在内的 21 个二级指标。新型智慧城市评价指标框架如图 2-11 所示。

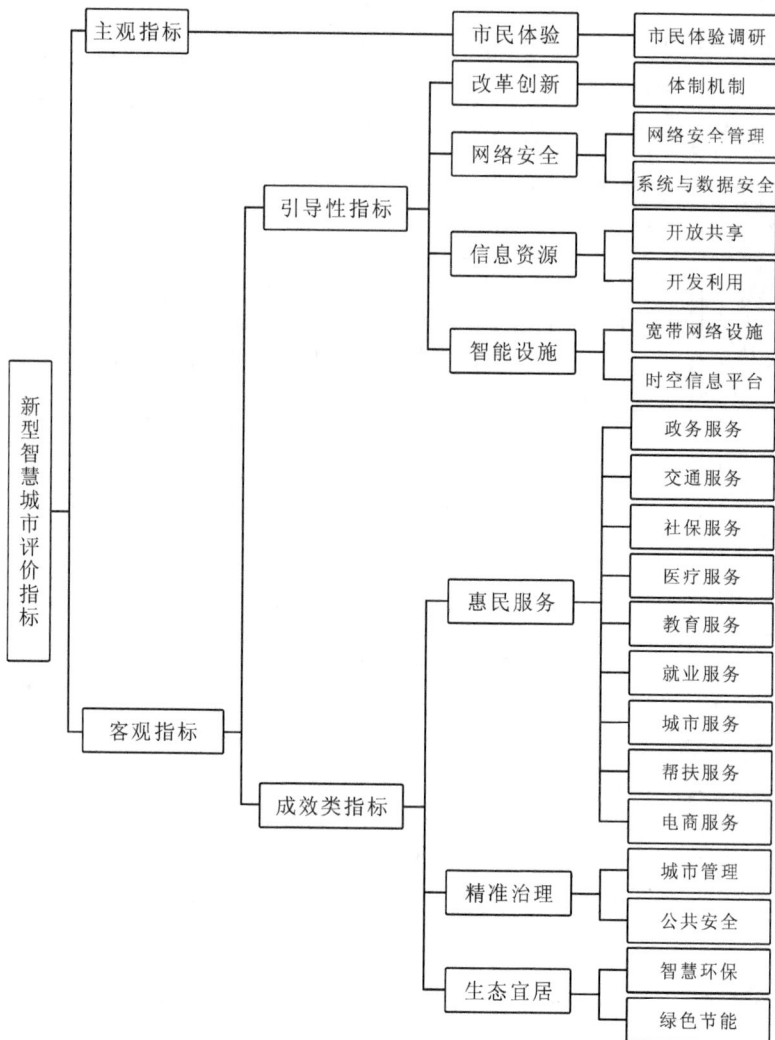

图 2-11　新型智慧城市评价指标框架

2.4.2　指标权重

图 2-12 给出了新型智慧城市评价指标体系中 8 个一级指标的权重占比,其中惠民服务和市民体验的占比最多,分别是 39% 和 21%,这充分体现了智慧城市建设是为了满足人们对生活质量不断提高的实际需求。精准治理、生态宜居、智能设施和信息资源等几个一级指标的占比大体相当。

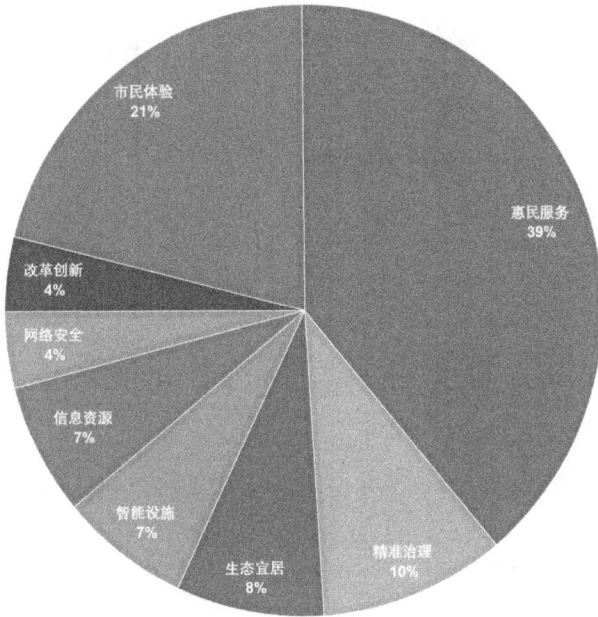

图 2-12 新型智慧城市评价一级指标权重

图 2-13～图 2-18 给出了惠民服务、精准治理、生态宜居、智能设施、信息资源、网络安全等 6 个一级指标的相应二级指标所占权重的情况。改革创新和市民体验 2 个一级指标的二级指标都只有一个，就没有再列出。

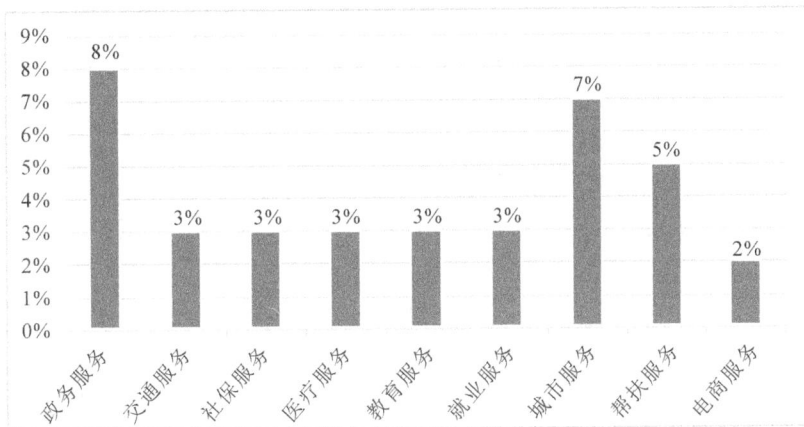

图 2-13 惠民服务二级指标权重占比情况

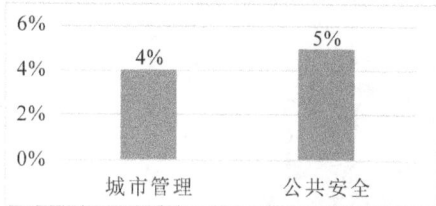
图 2-14　精准治理二级指标权重占比情况

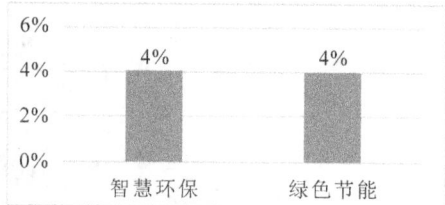
图 2-15　生态宜居二级指标权重占比情况

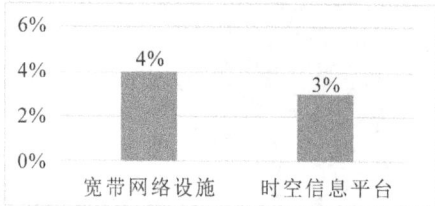
图 2-16　智能设施二级指标权重占比情况

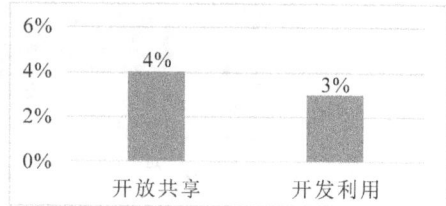
图 2-17　信息资源二级指标权重占比情况

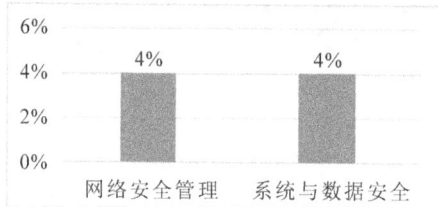
图 2-18　网络安全二级指标权重占比情况

2.4.3　二级指标的分项评价指标

图 2-19～图 2-38 列出了 20 个二级指标的具体评价项，每个二级指标都包含 1 个或多个评价指标项，每个评价指标项都有相应的权重，指标项通过加权求和的方式计算出相应二级指标的结果。

政务服务的评价体现城市政府在服务模式上的创新程度，在政务事项办理上推进"一号申请、一窗受理、一网通办"的情况，分项评价指标如图 2-19 所示。

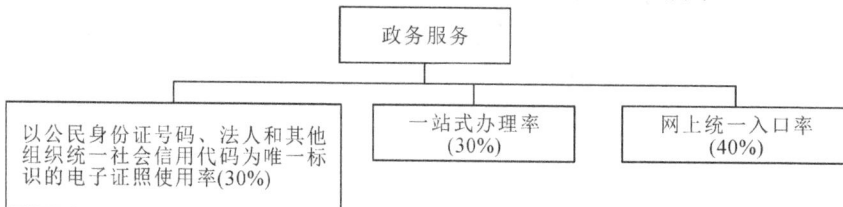
图 2-19　政务服务的分项评价指标

交通服务的评价体现城市在发展"互联网+"便捷交通上的情况，需要在交通出行的信息服务和电子支付上有相应的工作，分项评价指标如图 2-20 所示。

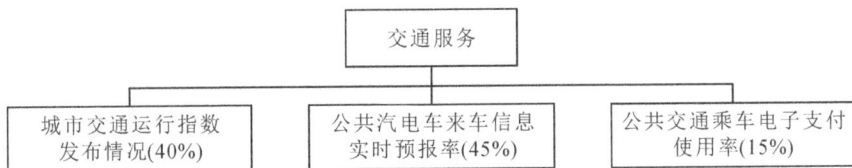

图 2-20　交通服务的分项评价指标

社保服务的评价体现城市社会保障领域在线上线下服务渠道上的拓展程度，在跨地区、跨层级业务联网办理上的具体工作，分项评价指标如图 2-21 所示。

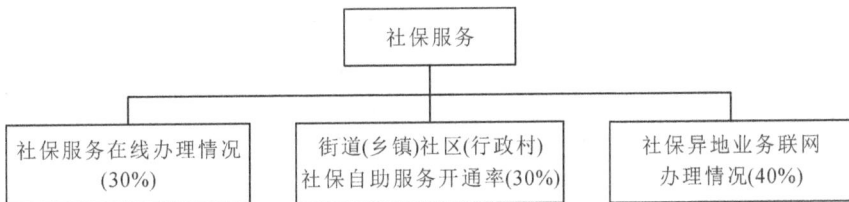

图 2-21　社保服务的分项评价指标

医疗服务的评价体现城市在二级以上医疗机构推进智慧医疗方面的工作，重点考查便民、惠民服务效率和质量，分项评价指标如图 2-22 所示。

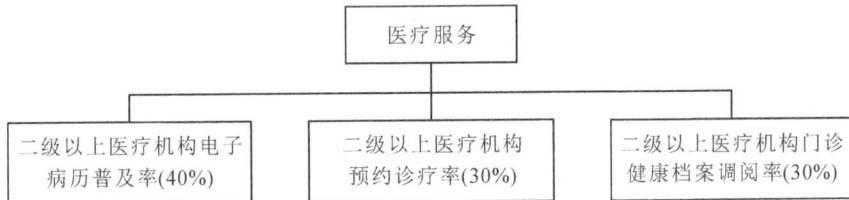

图 2-22　医疗服务的分项评价指标

教育服务的评价体现城市为教育领域提供多媒体教室、网络学习空间、校园无线网络覆盖的情况，分项评价指标如图 2-23 所示。

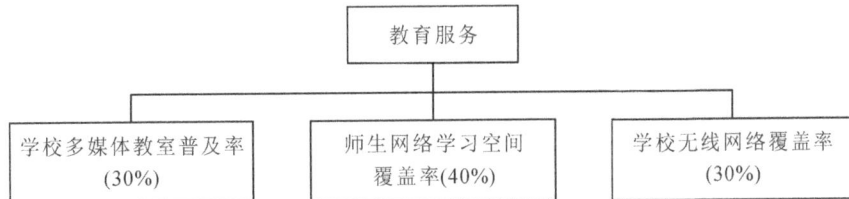

图 2-23　教育服务的分项评价指标

就业服务的评价体现城市在多元化就业信息服务模式下的创新推进情况和通过网站、

自助机、APP、专线电话、短信等渠道在线办理就业服务的情况，分项评价指标如图 2-24 所示。

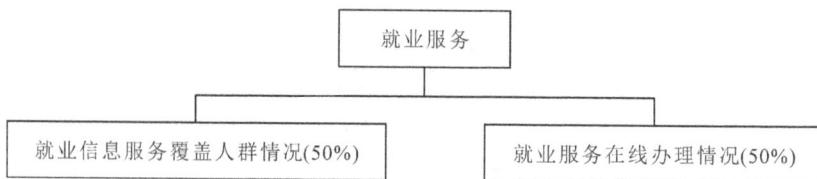

图 2-24　就业服务的分项评价指标

城市服务的评价体现城市推进"互联网+"城市服务的情况，重点考查城市服务在移动端的提供情况、公众使用情况以及一卡通应用情况，分项评价指标如图 2-25 所示。

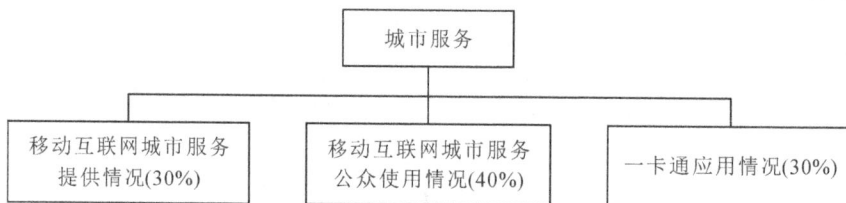

图 2-25　城市服务的分项评价指标

帮扶服务的评价体现城市利用信息化手段对困难户、残疾人等困难群体的帮扶，包括建档率和无障碍访问互联网等情况，分项评价指标如图 2-26 所示。

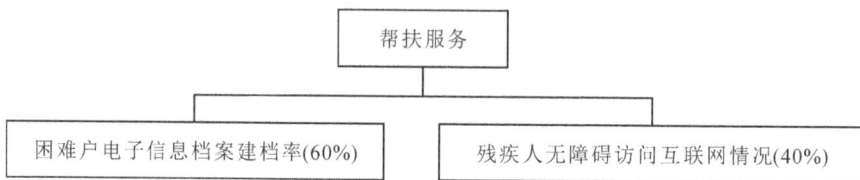

图 2-26　帮扶服务的分项评价指标

电商服务的评价体现电子商务中网上商品零售占比和跨境电商交易占比的情况，分项评价指标如图 2-27 所示。

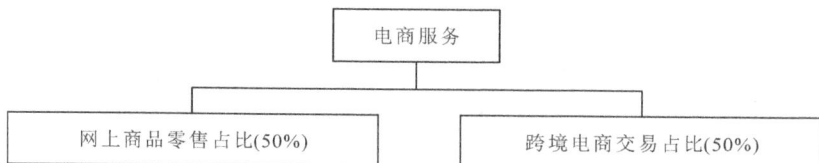

图 2-27　电商服务的分项评价指标

城市管理的评价体现用数字化手段对城市进行智慧管理的情况，包括数字化城管、市政管网管线智能化监测管理和综合管廊覆盖等情况，分项评价指标如图 2-28 所示。

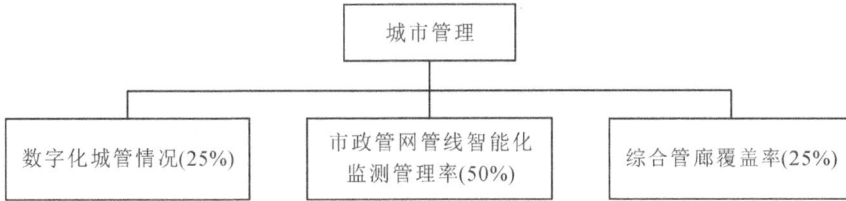

图 2-28 城市管理的分项评价指标

公共安全的评价体现城市立体化社会治安防控体系的构建情况，包括公共安全视频资源采集和覆盖情况、公共安全视频监控资源联网和共享程度以及公共安全视频图像提升社会管理能力情况，分项评价指标如图 2-29 所示。

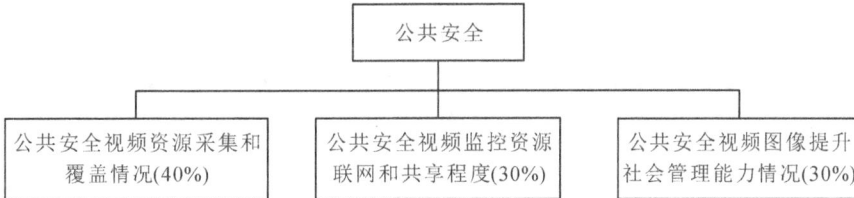

图 2-29 公共安全的分项评价指标

智慧环保的评价体现在环境保护方面开展智能化监测的情况，包括重点污染源在线监测、企事业单位环境信息公开率和城市环境问题处置率等方面，分项评价指标如图 2-30 所示。

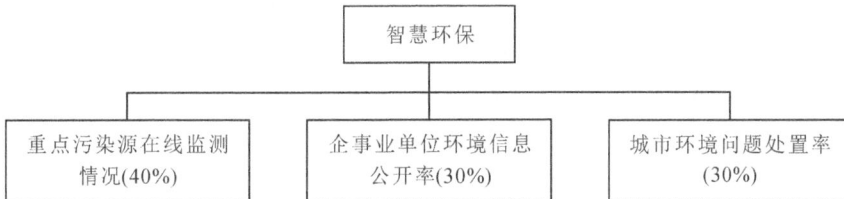

图 2-30 智慧环保的分项评价指标

绿色节能的评价体现城市在绿色发展方面的工作情况，重点考查万元地区生产总值能耗降低率、绿色建筑覆盖率和重点用能单位在线监测率，分项评价指标如图 2-31 所示。

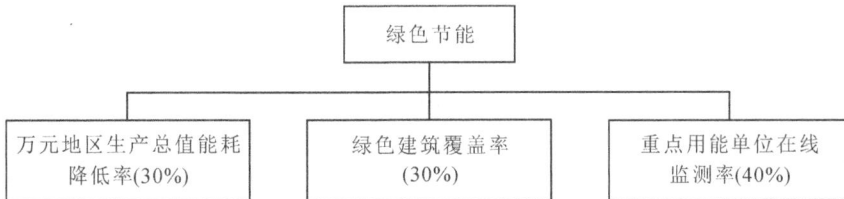

图 2-31 绿色节能的分项评价指标

　　宽带网络设施的评价体现固定宽带、光纤到户和移动宽带的普及情况，分项评价指标如图 2-32 所示。

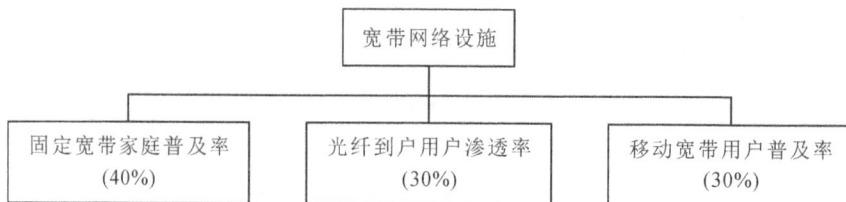

```
                    宽带网络设施
      ┌──────────────┼──────────────┐
固定宽带家庭普及率    光纤到户用户渗透率   移动宽带用户普及率
    (40%)              (30%)           (30%)
```

图 2-32　宽带网络设施的分项评价指标

　　时空信息平台的评价体现城市在时空信息服务系统上的构建情况，包含多尺度地理信息覆盖度和更新情况、平台在线为部门及公众提供空间信息应用情况和为用户提供高精度位置服务情况，分项评价指标如图 2-33 所示。

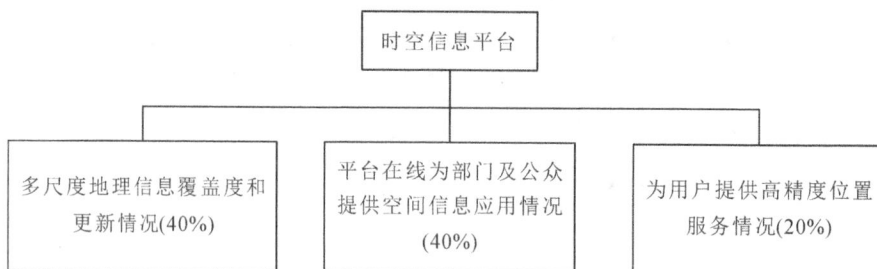

```
                    时空信息平台
      ┌──────────────┼──────────────┐
多尺度地理信息覆盖度和   平台在线为部门及公众   为用户提供高精度位置
更新情况(40%)         提供空间信息应用情况    服务情况(20%)
                      (40%)
```

图 2-33　时空信息平台的分项评价指标

　　开放共享的评价体现城市政府部门公共信息资源社会开放和信息资源部门间共享的情况，分项评价指标如图 2-34 所示。

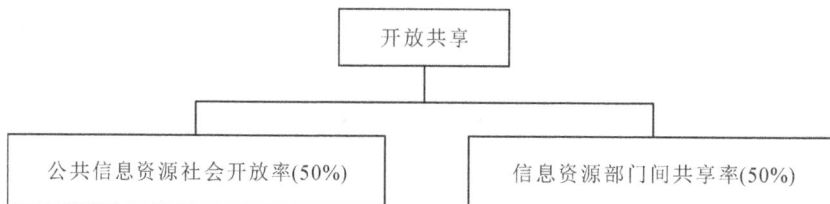

```
              开放共享
      ┌──────────┴──────────┐
公共信息资源社会开放率(50%)   信息资源部门间共享率(50%)
```

图 2-34　开放共享的分项评价指标

　　开发利用的评价体现政企合作对基础信息资源的开发利用情况，主要考查宏观调控决策支持、企业监管、质量安全、节能降耗、环境保护、食品安全、安全生产、信用体系建设、旅游服务、应急处突等城市治理领域，分项评价指标如图 2-35 所示。

开发利用

政企合作对基础信息资源的开发利用情况

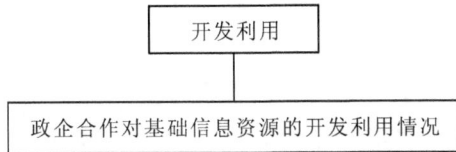

图 2-35　开发利用的分项评价指标

系统与数据安全的评价体现智慧城市关键基础设施的安全保障情况，包括关键信息基础设施的相关备案情况、依据等级保护要求的关键信息基础设施有效安全防护和关键信息基础设施的监管情况，分项评价指标如图 2-36 所示。

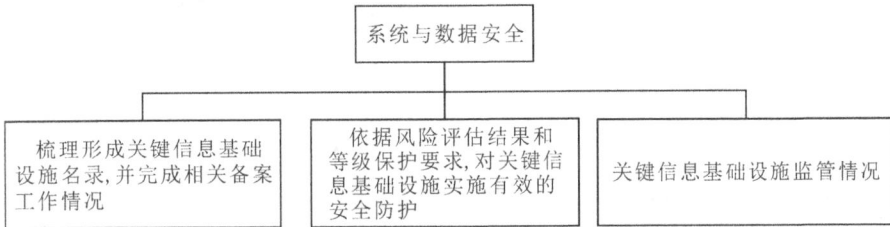

系统与数据安全

| 梳理形成关键信息基础设施名录，并完成相关备案工作情况 | 依据风险评估结果和等级保护要求，对关键信息基础设施实施有效的安全防护 | 关键信息基础设施监管情况 |

图 2-36　系统与数据安全的分项评价指标

网络安全管理的评价体现智慧城市在建设和管理过程中的安全责任制落实情况，包括网络安全工作的统筹协调和顶层设计、信息安全等级保护、网络安全应急机制等方面，分项评价指标如图 2-37 所示。

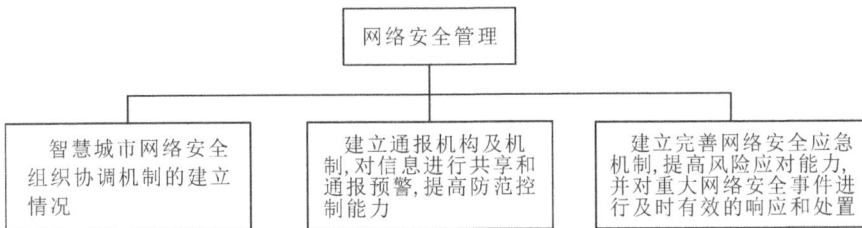

网络安全管理

| 智慧城市网络安全组织协调机制的建立情况 | 建立通报机构及机制，对信息进行共享和通报预警，提高防范控制能力 | 建立完善网络安全应急机制，提高风险应对能力，并对重大网络安全事件进行及时有效的响应和处置 |

图 2-37　网络安全管理的分项评价指标

体制机制的评价体现面向智慧城市评价的统筹机制、管理机制和运营机制的改革创新情况，分项评价指标如图 2-38 所示。

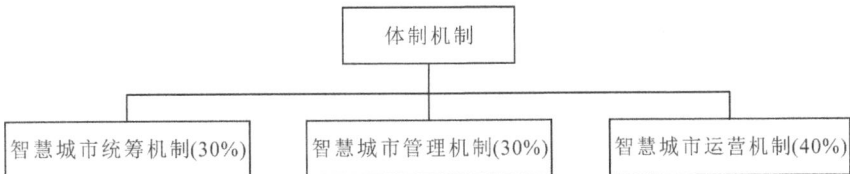

体制机制

| 智慧城市统筹机制(30%) | 智慧城市管理机制(30%) | 智慧城市运营机制(40%) |

图 2-38　体制机制的分项评价指标

第三章　智慧城市核心技术之大数据

3.1　大数据技术

3.1.1　大数据概述

对于大数据，研究机构 Gartner 给出了这样的定义：大数据是需要新处理模式才能具有更强的决策力、洞察发现力和流程优化能力的海量、高增长率和多样化的信息资产。

麦肯锡全球研究所给出的定义是：一种规模大到在获取、存储、管理、分析方面大大超出传统数据库软件工具能力范围的数据集合，具有海量的数据规模、快速的数据流转、多样的数据类型和价值密度低四大特征。

国家标准 GB/T 35295—2017《信息技术　大数据　术语》中给出的大数据的定义为：具有体量大、来源多样、生成极快且多变等特征并且难以用传统数据体系结构有效处理的包含大量数据集的数据。

美国国家标准与技术研究院(National Institute of Standard and Technology，NIST)大数据公共工作组于 2015 年在《NIST 大数据互操作性框架　第 1 卷：定义》中给出的大数据定义为：大数据由大量数据集组成，这些数据集主要在容量、多样性、产生速度和多变性等方面具有显著特征，需要一个可扩展的体系结构来实现高效的存储、操作和分析。

甲骨文公司认为：大数据是更大、更复杂的数据集，尤其是来自新数据源的数据集。这些数据集非常庞大，传统的数据处理软件根本无法管理它们。但这些海量数据可以用来解决以前无法解决的业务问题。

大数据的定义尽管在国内外尚未形成完全统一的说法，但是从以上定义可以看出：对大数据的普遍理解是大数据不仅仅指数据本身，还包括对数据的操作和应用。

虽然大数据本身的概念相对较新，但大数据集的起源可以追溯到 20 世纪 60 年代和 70 年代，那时第一个数据中心和关系型数据库开始出现。大约在 2005 年，人们开始意识到用户通过 Facebook、YouTube 等社交媒体和其他在线服务产生了大量的数据。Hadoop 也是在同一年开发的。在此期间，NoSQL 也开始流行。开放数据库源码框架的开发，如 Hadoop、

Spark 等，对大数据的发展起到了重要的作用，它们使得大数据更容易处理，存储成本更低。在此后的几年里，大数据的数量直线上升。随着物联网的出现，越来越多的物品和设备连接到互联网上，用于收集客户和产品等各维度的数据。随着机器学习技术的发展，出现了更多的数据应用。虽然大数据已经取得了很大进展，但它的实际应用才刚刚开始。云计算技术的出现进一步拓展了大数据应用的可能性。云提供了真正的可伸缩性，开发人员可以简单地启动临时集群来测试数据的子集。图形数据库也变得越来越重要，它们能够以一种快速和全面的方式显示大数据。

3.1.2　大数据的特征

大数据的特征一般以 V 开头的单词来描述，常见的特征是 4 V，或者说特征有四个层面，如图 3-1 所示。

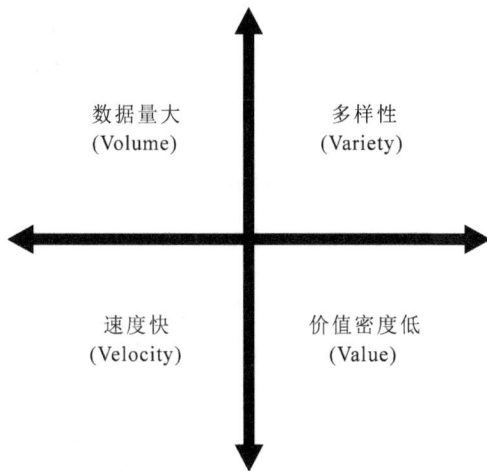

图 3-1　大数据的 4 V 特征

(1) 数据量大(Volume)：数据体量巨大。随着信息技术的高速发展，数据呈现爆发性增长，从 TB 级别跃升到 PB 甚至更高的级别。

(2) 多样性(Variety)：数据来源多、数据类型多、数据之间的关联性强。传统的数据类型是结构化的，整齐地存储在一个关系数据库中。随着大数据的兴起，数据以新的半结构化或非结构化数据类型(如文本、音频和视频)出现，这些数据类型需要进行额外的预处理。数据来源多表现在数据可能来自在线网站、传感器、商品交易等各种渠道。

(3) 价值密度低(Value)：以视频为例，连续不间断的监控过程中，可能有用的数据仅仅有一两秒。

(4) 速度快(Velocity)：这也是大数据区别于传统数据的显著特征。大数据对处理数据的响应速度有更严格的要求。实时分析而非批量分析，数据输入、处理与丢弃立刻见效，几乎无延迟。数据的增长速度和处理速度都是大数据高速性的重要体现。

除了以上四个特征之外，业界还有学者提出了大数据的其他特征，如多变性和真实性。

(1) 多变性(Variability)：大数据的数据量、速度和多样性等特征都处于多变状态。

(2) 真实性(Veracity)：包括数据的可信性、真伪性、来源和信誉、有效性和可审计性。

3.2　大数据的相关技术

随着互联网、云计算和传感网的迅猛发展，无所不在的移动设备、RFID、无线传感网每分每秒都在产生数据，数以亿计用户的互联网服务时时刻刻在产生巨量的交互。要处理的数据量越来越大，而且还在快速增长。同时，业务需求和竞争压力对数据处理的实时性、有效性也提出了更高的要求，传统的常规数据处理技术已经无法应对大数据带来的现实难题。为了解决这些难题，需要突破传统技术，根据大数据的特点进行新的技术变革。大数据技术是一系列收集、存储、管理、处理、分析、共享和可视化技术的集合，适合大数据的关键技术包括：

(1) 数据挖掘：结合数据库管理的统计和机器学习方法从大数据提取模式的技术，包括关联规则学习、聚类分析、分类和回归。

(2) 机器学习：有关设计和开发算法的计算机科学，允许计算机基于经验数据进化。

(3) 自然语言处理：使用计算机算法来分析自然语言的一种技术。

(4) 模式识别：依照一种特定的算法给某种产值(或标签)分配给定的输入值(或实例)的机器学习技术。

(5) 预测模型：通过建立或选择一个数学模型得出最好预测结果的模型。

(6) 回归：确定当一个或多个自变量变化时因变量变化程度的统计技术。

(7) 空间分析：源于分析拓扑、几何、地理数据的统计技术。

(8) 时间序列分析：源于统计数据和信号处理的技术，从一组连续的时间值代表的数据点提取有用的信息。

(9) 可视化技术：大数据应用的重点之一，目前主要包括标签云、历史流、空间信息流等技术和应用。

(10) 分布式缓存系统：用于解决数据库服务器和 Web 服务器之间瓶颈的技术。如果一个网站的流量很大，这个瓶颈将会非常明显，每次查询数据库耗费的时间将会非常长。对于更新速度不是很快的网站，可以用静态化来避免过多的数据库查询。对于更新速度以秒计的网站，静态化的效果也不会太理想，可以构建缓存系统来进行数据库查询。

(11) 分布式数据库系统：通常使用较小的计算机系统，每台计算机可单独放在一个地方，每台计算机中都有 DBMS 的一份完整拷贝副本，并具有自己局部的数据库，位于不同地点的许多计算机通过网络互相连接，共同组成一个完整的、全局的大型数据库。

(12) 分布式文件系统：文件系统管理的物理存储资源不一定直接连接在本地节点上，而是通过计算机网络与节点相连。分布式文件系统的设计基于客户机/服务器模式。对等特性允许一些系统扮演客户机和服务器的双重角色。例如，用户可以"发表"一个允许其他客户机访问的目录，一旦被访问，这个目录对客户机来说就像使用本地驱动器下的目录一样。

(13) 分布式存储系统：将数据分散存储在多台独立的设备上。传统的网络存储系统采用集中的存储服务器存放所有数据，存储服务器成为系统性能的瓶颈，也是面临可靠性和安全性问题时关注的焦点，不能满足大规模存储应用的需要。分布式存储系统采用可扩展的系统结构，利用多台存储服务器分担存储负荷，利用位置服务器定位存储信息。它不但提高了系统的可靠性、可用性和存取效率，还易于扩展。

3.3　大数据的主要应用技术——Apache Hadoop

3.3.1　概述

Apache Hadoop 是一款稳定的、可扩展的、可用于分布式计算的开源软件。它的软件类库是一个允许使用简单编程模型实现跨越计算机集群进行分布式大型数据集处理的框架。它的设计可以从单台服务器扩展到数千台机器，其中每台机器都提供本地计算和存储。Hadoop 类库本身不依赖于硬件来提供高可用性处理，而是在本身设计中拥有用于检测和处理应用程序故障的能力。如果负责 Hadoop 平台运行的主节点出现死机，会由处于待机状态的另一台主机充当新的主节点运行，保障 Hadoop 平台的正常工作状态，即它在集群之上提供高可用性服务。如果从节点出现故障会被认为是常态，出现故障的节点上的任务会由其他可用节点代替执行，每个节点都易于探测故障。

1. Hadoop 的优点

Hadoop 的优点包括可扩展性、经济性、可靠性和高效性。可扩展性是指不论是存储的可扩展还是计算的可扩展都是 Hadoop 的设计根本。经济性是指 Hadoop 框架可以运行在任何普通的 PC 上。可靠性在于 Hadoop 的分布式文件系统的备份恢复机制以及 MapReduce 的任务监控保证了分布式处理的可靠性。分布式文件系统的高效数据交互实现以及 MapReduce 结合 Local Data 处理的模式，为 Hadoop 高效处理海量信息作了基础准备。

2. Hadoop 的版本

Hadoop 的版本更新很快，半个月、一个月、一个季度都有可能产生新的版本，看上去比较混乱，甚至令有些用户不知所措。但实际上，当前 Hadoop 从宏观上只有 Hadoop 1 和 Hadoop 2 两个时代。这两个时代演进过程最重要的标志就是 Hadoop 2 时代多出一层资源管理器(Yet Another Resource Negotiator，YARN)，使 Hadoop 分布式文件系统(Hadoop Distributed File System，HDFS)上存储的内容供更多的框架使用成为可能，提高了资源利用率，节省了项目成本投入。

Hadoop 自问世以来，虽经历了多次的版本修订，但无论是经典的 Hadoop (Hadoop 1 时代)还是 Hadoop 2 时代，它的核心始终如一，即 Common 为 Hadoop 整体框架提供支撑性功能，HDFS 负责存储数据，MapReduce 负责数据计算。区别在于，Hadoop 2 时代引入 YARN 后，HDFS 资源可供 MapReduce 以外的框架(如 Spark、Storm 等)共用，以及可供 NameNode 主节点进行全备份。故 Hadoop 运行机制发生了部分改变。下面对这两个时代的 Hadoop 进行对比。

Hadoop 1 时代即指第一代 Hadoop，Apache 发布的 Hadoop 版本号有 0.20x、1x、0.21.x、0.22.x 和 CDH3。其核心组件主要分为三部分：文件系统(File System)、远程过程调用(RPC)和数据串行化库(Serialization Libraries)，而 Hadoop Common 项目更多是隐藏在幕后，为 Hadoop 的核心组件提供支撑。HDFS 是 Hadoop 的分布式文件系统，具有低成本、高可靠性、高吞吐量的特点，由 NameNode 和 DataNode 组成。NameNode 作为 HDFS 的管理者，只有一个，负责管理文件系统命名空间，维护文件系统的文件树以及所有的文件、目录的元数据。DataNode 是 HDFS 中保存数据的节点，可以有多个。DataNode 定期向 NameNode 报告其存储的数据块列表，方便用户通过对应的 API 访问 DataNode 中的数据。

在 Hadoop 2 时代，对应的 Hadoop 版本为 Apache Hadoop 2.x、CDH4 及以上版本，在原有 Hadoop 1 时代基础上设计得更加人性化。首先，在 Hadoop 1 中，单 NameNode 制约了 HDFS 的拓展，Hadoop 2 提出了 HDFS Federation，允许多个 NameNode 共存，分别管理对应的目录，进而实现访问隔离和横向拓展，消除了 Hadoop 1 上单 NameNode 故障崩溃的问题。其次，对于 Hadoop 1 中 MapReduce 存在的拓展性、多框架支持等方面的不足，Hadoop 2 取消了 MapSlots 与 ReducerSlots 的概念，并将 Job Tracker 的功能一分为二，即全局资源管理 ResourceManager 和管理每个应用程序的 ApplicationMaster，应用程序是单个作业或作业的 DAG(有向无环图)任务。Hadoop 2 提出的 ResourceManager 用于管理节点资源和为不同的作业分配资源，ApplicationMaster 用来监控与调度作业。ApplicationMaster 中每个 Application 都有一个单独的实例(Application 是用户提交的一组任务，它可以是一个 Job 或者多个 Job 的集合)，从而演化出了全新的通用资源管理框架 YARN。基于 YARN 的资源调度策略，用户可以运行不同类型的 Job 任务，从离线计算的 MapReduce 到在线计算(流式处理)的 Storm 等，不再像 Hadoop 1 那样仅局限于 MapReduce 一类应用。

3.3.2 Hadoop 的体系结构

Hadoop 的体系结构如图 3-2 所示。

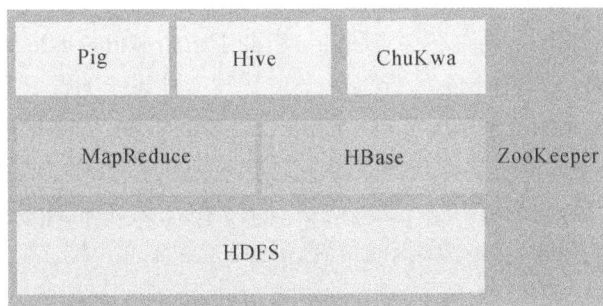

图 3-2 Hadoop 体系结构

　　Pig 是一个基于 Hadoop 的大规模数据分析平台。Pig 为复杂的海量数据并行计算提供了一个简易的操作和编程接口。Hive 是基于 Hadoop 的一个工具,提供完整的 SQL 查询功能,可以将 SQL 语句转换为 MapReduce 任务来执行。ChuKwa 是基于 Hadoop 的集群监控系统,由 Yahoo 贡献。ZooKeeper 是高效的、可扩展的协调系统,用以存储和协调关键共享状态。MapReduce 是一种编程模型,用于大规模数据集(大于 1 TB)的并行运算。HBase 是一个开源的、基于列存储模型的分布式数据库。HDFS 是一个分布式文件系统,有着高容错性的特点,并且被部署在低廉的硬件上,适合处理有着超大数据集的应用程序。

3.3.3 Hadoop 的核心设计——HDFS 和 MapReduce

　　Hadoop 的核心设计包括 HDFS 和 MapReduce 两个部分。HDFS 用于文件管理、文件存储和文件获取。MapReduce 用于任务的分解和结果的汇总。

1. HDFS

　　HDFS 源自 2003 年 10 月 Google 发表的一篇 Google File System(GFS)论文,是 GFS 的克隆版。GFS 是一个可扩展的分布式文件系统,用于大型的、分布式的、对大量数据进行访问的应用。它能够运行于普通电脑上,同时具备高可靠性和数据完整性的特点,根据硬件的规模给不同规模的用户提供总体性能较高的服务。Google 公司为了存储海量搜索数据而设计的 GFS 不仅仅是一个文件系统,还包含数据冗余,支持低成本的数据快照。除了提供常规的创建、删除、打开、关闭、读写文件操作,GFS 还提供附加记录的操作。根据 Google 应用程序的具体情况,对文件的随机写入几乎不存在,读操作通常是按顺序执行的,绝大部分文件的修改是在文件尾部追加数据，这样的记录追加操作允许多个客户端同时对一个文件进行数据追加，对于实现多路结果合并以及"生产者，消费者"队列非常有用。并且记录追加操作要保证每个客户端的追加操作都是原子性的，多个客户端可以同时对一个文件追加数据，却不需要多余的同步锁锁定。

HDFS 采用 Master/Slave 架构，一个 Hadoop 集群由一个 NameNode 节点和多个 DataNode 节点组成。NameNode 对应着 Master 节点，负责管理文件系统的命名空间以及客户端对文件的访问。集群 DataNode 是 Slave 节点，启动一个 DataNode 的守护进程，管理存储在其节点上的数据。HDFS 公开了文件系统的命名空间，使用户能够在 HDFS 上任意存储不同格式的文件。HDFS 体系结构中的关键点就是 NameNode 和 DataNode 的关系，客户端通过 NameNode 来确定 DataNode 中数据的位置，然后发送到客户端。

2. MapReduce

MapReduce 是 Google 开发的针对海量数据处理分析的分布式并行计算框架。据 Apache Hadoop 3.0.0 的描述，基于 MapReduce 软件框架可以轻松编写应用程序，并且以可靠、容错的方式在由商用机器组成的数千个节点的大型集群上，并行处理 TB 量级的数据集。用户首先创建一个 Map 函数处理外部输入的数据，Map 函数输出基于键值对(Key-value)的数据集合，然后创建一个 Reduce 函数用链表来存储所有具有相同键值(Key)的中间值(Value)，最后按键值来执行对应的操作。普通程序员要实现并行化需要考虑很多问题，比如如何切分数据集，在多节点的集群上资源如何调度，集群中某一节点出现故障时集群中节点之间如何通信等一系列问题。而使用 MapReduce 框架，能够帮助没有并行计算和分布式计算开发经验的程序员快速编写出并行代码，并投入使用。

Hadoop 系统中的 MapReduce 核心思路是，将输入的数据在逻辑上分割成多个数据块，每个逻辑数据块被 Map 任务单独处理。处理数据块后所得结果会被划分到不同的数据集，且对数据集排序。每个经过排序的数据集传输到 Reduce 任务进行处理。

一个 Map 任务可以在集群的任何计算节点上运行，多个 Map 任务可以并行地运行在集群上。Map 任务的主要作用就是把输入的数据记录(Input Records)转换为一个个键值对。所有 Map 任务的输出数据都会进行分区，并且将每个分区的数据进行排序。每个分区对应一个 Reduce 任务。每个分区内已排好序的键与该键对应的值会由一个 Reduce 任务处理。可以有多个 Reduce 任务在集群上并行地运行。

MapReduce 框架实现了在大量普通 PC 上进行高性能计算，降低了并行计算的难度。通常，计算节点和存储节点是在一起的，也就是说，MapReduce 框架和 HDFS 运行在相同的节点上。由于计算框架和文件系统在相同的节点上，计算引擎可以直接访问本地的文件系统获取存在的数据，能够减少网络带宽的占用，更好地调度计算、存储和网络资源。

MapReduce 编程框架适用于大数据计算，这里的大数据计算主要包括大数据管理、大数据分析及大数据预处理等操作。通俗来讲，MapReduce 就是在 HDFS 将一个大文件切分成众多小文件分别存储于不同节点的基础上，尽量在数据所在的节点上完成小任务计算再合并成最终结果。其中这个大任务分解为小任务再合并的过程是一个典型的合并计算过程，以尽量快速地完成海量数据的计算。MapReduce 的计算模型如图 3-3 所示。

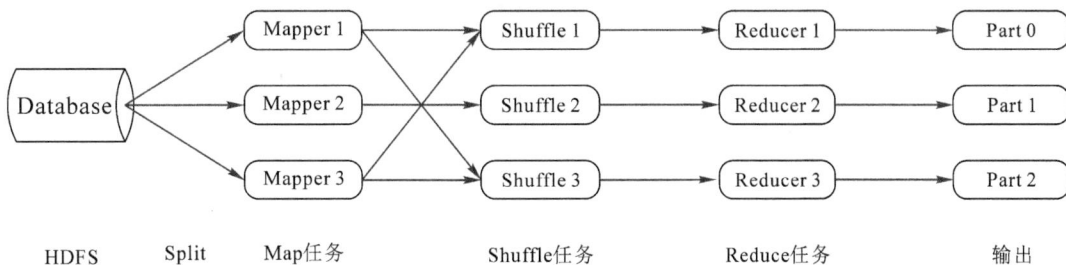

图 3-3　MapReduce 计算模型

3.3.4　YARN 调度器

从经典的 Hadoop 1 时代到 Hadoop 2 时代的版本演化过程中，Hadoop 最核心的变化是 YARN 的加入，它弥补了经典 Hadoop 模型在扩展性、效率和可用性等方面存在的明显不足，可以说它是 Apache 对 Hadoop 1 进行的升级改造。YARN 的提出带来了两个重大的改进：一是 HDFS 的 NameNode 可以以集群的方式部署，提出了 HDFS Federation 与 HA，分别提高了 NameNode 的水平扩展能力和高可用性；二是提出了 ResourceManager 和 ApplicationMaster 两个独立组件来代替 Hadoop 1 中 Job Tracker 的资源管理及任务生命周期管理。YARN 仍然是 Master/Slave 的架构，其中 ResourceManager 充当了 Master 的角色，NodeManager 充当了 Slave 的角色，多个 NodeManager 的计算、存储和网络资源由 ResourceManager 进行统一管理和调度。YARN 提供了三种资源调度器供用户选择：FIFO Scheduler、Capacity Scheduler 和 Fair Scheduler。FIFO Scheduler 是先进先出调度策略，把提交的应用按照顺序组成一个队列，依次执行。Capacity Scheduler 是容器调度策略，允许多个任务同时执行，超出最大个数的任务在容器中排队。Fair Scheduler 是公平调度策略，为所有正在执行的任务分配相同的资源。

3.4　大数据参考架构

为了能够有效描述大数据角色、活动和功能组件，全国信息技术标准化技术委员会提出并归口制定的《信息技术　大数据　技术参考模型》(GB/T 35589—2017，2018 年 7 月 1 日实施)中，提供了一个大数据参考架构，如图 3-4 所示。

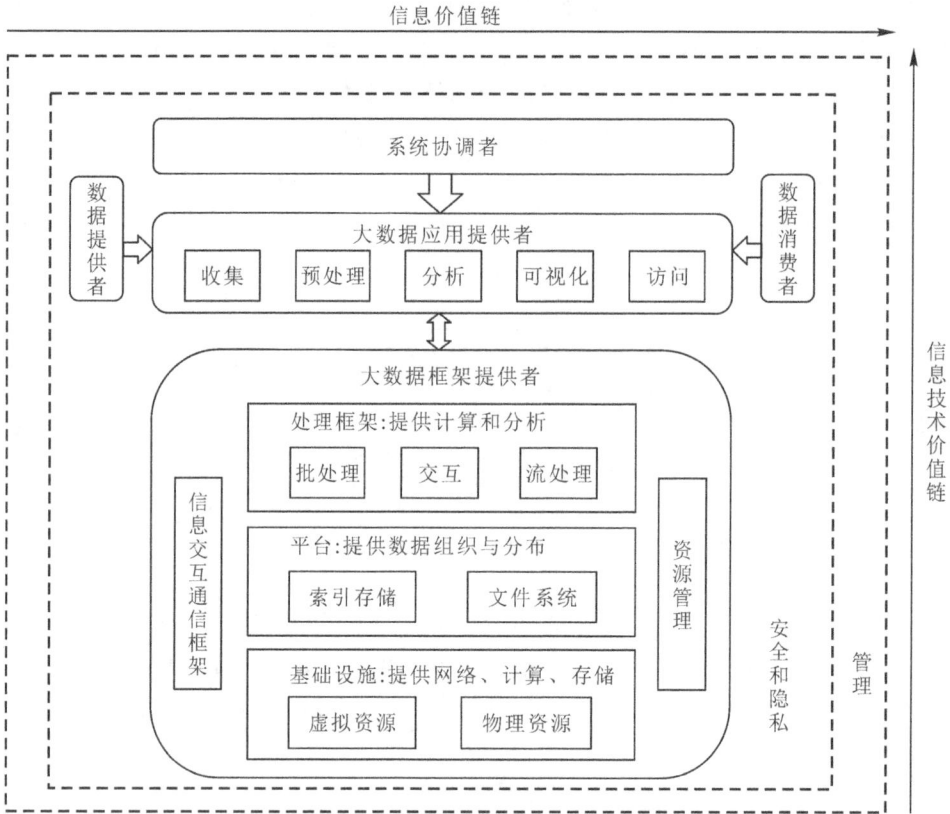

图 3-4　大数据参考架构

　　大数据参考架构可以为各种利益相关者提供一种交流大数据技术的通用语言，鼓励大数据实践者遵守通用标准、规范和模式，并且为相似问题的求解提供一致的技术实现方法。图 3-4 所示的大数据参考架构从信息价值链和信息技术价值链分别展开。信息价值链表达了数据经历收集、预处理、分析、可视化到访问整个处理过程中从数据到知识所实现的信息流价值，体现了大数据本身所包含的数据科学方法特性。信息技术价值链通过为大数据应用提供基础设施、平台、处理框架等技术服务以存放和运行大数据来实现核心价值，体现了大数据作为新兴数据应用范式所带来的价值。角色、活动和组件是构成该架构的三个层级。角色包括数据提供者、系统协调者、大数据应用提供者、数据消费者、大数据框架提供者。此外，安全和隐私模块为大数据平台的硬件、软件和上层应用从网络安全、主机安全、应用安全、数据安全方面构建了全方位的安全防护体系。管理模块需要对数据中心、基础硬件、平台软件、应用软件提供统一的运维系统。从图中可以看到，该参考架构中的大数据应用提供者是两个价值链的交叉点，也是五个角色的中心，承载着为大数据利益相关者提供特定价值的使命。大数据框架提供者通过信息交互通信框架、基础设施、平台、处理框架和资源管理五个活动为大数据应用提供服务。

3.5　大数据系统框架

基于图 3-4 的大数据参考架构的逻辑功能构件，大数据系统可以划分为数据收集、数据预处理、数据存储、数据处理、数据分析、数据访问、数据可视化、资源管理、系统管理九个模块，模块之间的联系如图 3-5 所示。

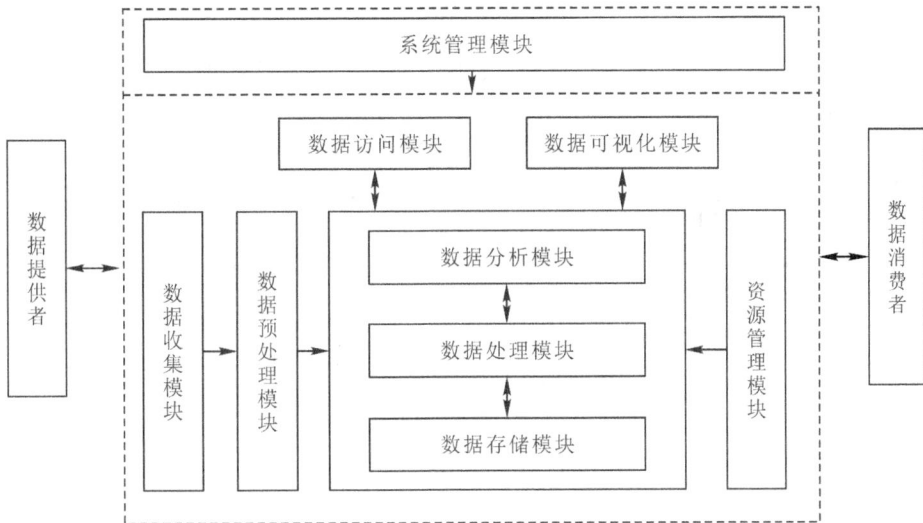

图 3-5　大数据系统框架

数据收集模块通过 API 接口等方式在离线或在线状态下从图形界面导入全量或增量的各种类型的数据，包括结构化数据、非结构化数据和半结构化数据。数据预处理模块提供了数据抽取、数据清洗、数据转换、数据加载功能，并能够在清洗前后提供数据比对的功能。数据存储模块提供各种类型数据的存储功能，支持分布式文件存储、列式数据存储、结构化数据存储、图数据存储以及相应的基本数据操作。在数据处理模块中，需要对不同存储形式的数据提供相应的处理方式，包括批处理框架、流处理框架、图计算框架、内存计算、批流融合计算框架等。数据处理模块的后续是数据分析模块。数据分析模块支持数据查询、机器学习、统计分析、离线数据分析、流数据分析、交互式联机分析、可视化的流程编排操作等功能。通过常用的表格、柱状图、饼图、折线图、热力图等形式实现可视化是数据可视化模块的主要工作，也支持第三方数据可视化工具接口。数据访问模块支持相应的访问接口以便为第三方应用程序提供数据服务。资源管理模块对 CPU、内存等资源提供全局、静态、动态弹性等管理功能以有效利用和有序使用。系统管理模块为大数据集群的软硬件资源提供配置管理、租户管理、监控告警管理、服务管理等功能。

3.6 大数据工业应用参考架构

大数据在工业领域的应用是智慧城市建设的主要场景之一。基于图 3-4 的大数据参考架构，针对工业领域的应用，大数据工业应用参考架构如图 3-6 所示。

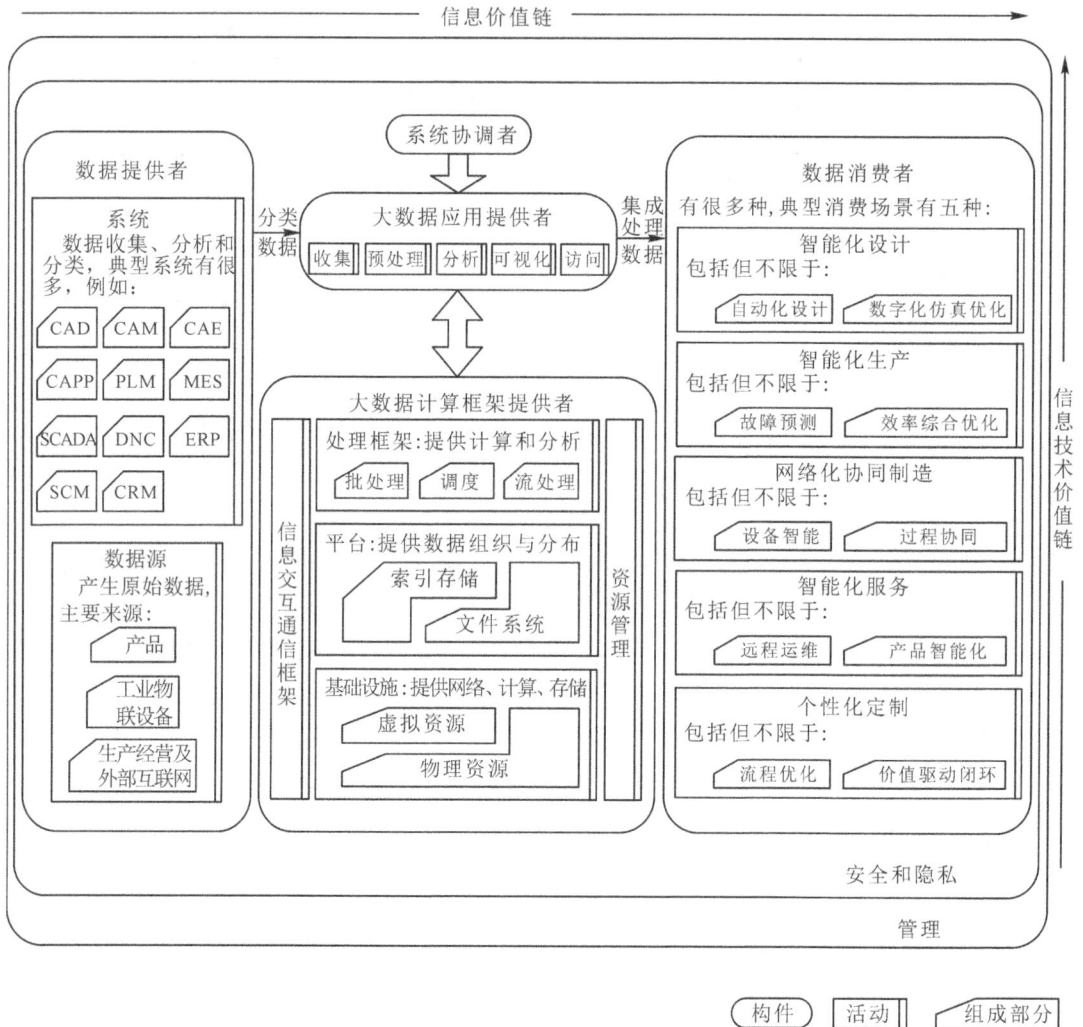

图 3-6 大数据工业应用参考架构

图 3-6 所示的大数据工业应用参考架构与图 3-4 给出的大数据参考架构在整体结构上是一致的，它包括横向的信息价值链和纵向的信息技术价值链。大数据工业应用参考架构对五个角色的定义更加具体，以适用于工业领域。

数据提供者的数据源来自产品、工业物联设备和生产经营及外部互联网。产品数据是工业应用数据的核心数据源，是产品整个生命周期过程所产生的各类相关数据，如产品结构图、工程分析数据、说明书、配置文件等。工业物联设备是增长最快的数据源，是工业生产设备通过物联网采集的设备运行情况、工况状态、环境参数等数据。与工业企业生产活动和产品相关的企业外部互联网数据是工业应用支撑数据源。数据提供者的系统通过各类工业系统对数据源产生的数据进行收集，比如 CAD 系统用于对图形化数据的收集，CAM系统用于数据转换和过程自动化方面，CAE 用于几何模型和物理模型方面的数据，PLM 用于产品结构化和非结构化文件数据的收集和分类，MES 用于车间制造过程数据的收集、管理，SCADA 针对自动化设备运行参数、控制、测量和各类报警数据进行收集和管理，ERP和 SCM 分别用于企业的业务流程数据和业务协作过程数据的收集，CRM 用于企业和客户之间交易及服务数据的收集和管理。

数据消费者在工业领域的典型应用场景包括智能化设计、智能化生产、网络化协同制造、智能化服务、个性化定制等智能制造模式。智能化设计包括自动化设计、数字化仿真优化等方面，以产品数据为核心，对模型、知识库、用户使用等数据进行集成管理和分析，实现产品设计的优化提升。故障预测和效率综合优化是智能化生产的典型场景，它将人机智能交互、工业机器人、数字化控制等先进工业技术用于生产制造过程。网络化协同制造基于设备物联、智能控制、生产过程透明化，实现制造信息的透明，连通各种生产资源，将资源配置最优化，实现协同制造、组装和交付的高质高效，典型场景包括设备智能和过程协同两个方面。远程运维和产品智能化智能化服务的两个典型场景，主要用于生产管理服务和产品售后服务环节。个性化定制要满足用户对产品的定制化需求，通过全流程建模和数据集成贯通来完成产品设计和生产计划的精准匹配。

3.7 大数据应用案例

大数据正在帮助众多行业，并以惊人的发展改变行业。大数据的分析可以用来揭示隐藏的模式和趋势，可以帮助企业更好地了解自己的用户和客户行为，帮助公司发现新的创新方向，增加竞争力。比如谷歌通过 Chrome 浏览器和 Gmail 产品获取用户信息，谷歌每天还在其搜索引擎上收到数十亿的搜索请求。该公司利用这些数据来训练自己的算法，从而更好地完成基本的搜索任务，比如解析句子、纠正拼写错误以及理解用户试图搜索的内容。奥巴马的数据团队对数以万计的选民邮件进行大数据挖掘，精确预测出了可能拥护奥巴马的选民类型，并进行了有针对性的宣传，从而帮助奥巴马成为美国历史上唯一一位在竞选经费处于劣势情况下实现连任的总统。

3.7.1　医疗大数据的应用

全国信息安全标准化技术委员会 2020 年 12 月发布的《信息安全技术健康医疗数据安全指南》规定，健康医疗数据包括个人健康医疗数据和由个人健康医疗数据加工处理之后得到的健康医疗相关数据。具体可分为六类：个人属性数据、健康状况数据、医疗应用数据、医疗支付数据、卫生资源数据和公共卫生数据。医疗大数据的分析和应用对于提高医疗效率和医疗效果，支撑医疗管理和医疗科研有着重要作用。

对于制药企业和生命科学的研究而言，医疗大数据可以在新药研发和基因组学中得到应用。在新药研发过程中，通过对药物临床试验阶段前和早期临床阶段的数据进行建模和分析，可以采用预测算法及早预测临床结果，从而提高投入产出比。利用基因大数据，通过分布式算法的分析，加快基因测序计算过程，研究人员可以更早地识别疾病基因和生物标志物，帮助患者查明他们未来可能面临的健康问题，研究结果甚至可以帮医疗机构设计出个性化的治疗方案。

在临床医学上，通过对同类病人的特征和诊疗效果数据的比对分析，可以比较不同治疗方案之间的效果，从而发现病人体征数据、费用数据、疗效数据等，帮助医生确定最有效、最有成本效益的临床治疗方法。医疗保健组织也在寻求在不增加成本的情况下提供更好的临床治疗和改善护理质量，大数据可以帮助他们以最具成本效益的方式改善患者体验。基于病人在各种治疗过程中的大数据，医疗保健组织可以创建一个全方位的病人护理视图，提供个性化治疗服务。改善患者体验需要大量的患者数据，其中更多的是非结构化的数据，如病历或诊疗图像。医疗大数据系统可以利用规则和数据对治疗过程进行实时分析，给出各类警示信息和提示，比如药物过敏、重点人群、慢性病患者等，从而可以减少医疗事故，提高诊疗质量。

医疗大数据在疾病预防和预测上的应用，最早可以追溯到 Google 公司利用其搜索引擎上的搜索请求提前预测流感的发生，尽管这个预测存在不精准等问题，但是这也充分反映了医疗大数据在疾病预测方面的作用。公共卫生部门可以通过医院的电子病历快速检测传染病，及早发现公共卫生状况和居民的健康状况，可以对传染病进行全面实时的监测，从而提供及时的应对措施，降低传染病大规模暴发的风险。

在医药器械产品的研发销售方面，医疗大数据也能起到重要的作用。通过对医药器械销售环节数据的采集，相关企业可以准确地掌握药品、耗材的使用情况和市场价格，有效地缩短医药器械的交易周期。

医疗大数据可以对商业医疗保险的设计和定价起到指导作用。通过某地区的医疗大数据，可以获知该地区的具体疾病发生情况、本地区居民的医疗消费能力、医疗机构的诊疗水平，保险机构从而能更有针对性地设计出适合该地区的商业医疗保险的产品、保险费率和参保对象。保险机构还能根据这些数据对参保客户的个性化需求进行预测，进而实现精准营销，为客户提供更精确的服务。另外，基于医疗大数据可以构建骗保模型来自动识别骗保行为。对于海量的医保支付申请，每份申请还会附加若干不同格式的报告，采用人工的方式识别骗保行为是相当困难的，而大数据技术可以帮助医保管理机构发现潜在的骗保行为。

3.7.2　零售大数据的应用

零售业的竞争十分激烈，为了保持领先地位，零售企业会努力使自己与众不同。从需求预测到产品预测，再到店内优化、产品优化，大数据正被应用于零售过程的各个阶段。利用大数据，零售商也正在寻找创新方法。

产品开发大数据可以帮助企业预测客户的需求。首先通过对过去和当前产品的关键属性进行分类，并对这些属性和产品的商业成功数据之间的关系进行建模，企业可以为新产品和服务建立预测模型。之后，企业通过使用社交媒体、测试市场等推出的数据和分析来计划、生产和推出新产品。

通过提升客户体验来更多地获取客户是零售业的竞争手段之一。大数据为零售商提供了更清晰的客户体验结果，企业可以利用这些结果来微调自己的业务。通过收集来自社交媒体、网络访问、通话记录和与其他公司的互动以及其他数据来源的数据，公司可以改善客户互动体验。大数据分析可以提供个性化的服务，减少客户流失，并能提前发现问题。

所有的客户都是有价值的，但是有些客户会比其他客户更有价值。零售商需要全方位地了解客户。大数据为企业提供了关于客户行为和消费模式的洞察力，企业因而可以识别出更有价值的客户，进而利用市场营销手段为他们提供特别优惠，销售团队也可以花更多时间在这些客户身上。如果有数据显示这类客户可能流失，客户服务中心可以更早更积极地介入，以留住客户。

店内购物体验大数据可以用来改善店内购物体验。行为跟踪技术可以分析客户的店内行为。零售商可以分析用户的店内购物路径，用以优化商品营销方案，鼓励消费者完成购买。在定价分析和优化方面，零售商需要了解其客户的真实盈利能力、如何细分市场以及任何抓住未来机会的潜力。端到端的利润和边际分析可以帮助确定定价改进机会和利润可能流失的领域。

通过产品的销售数据，零售商可以预测分析相关产品的实时信息，避免产品的供应短缺，优化仓储，确保产品的可用性。

3.7.3　电信大数据的应用

智能手机等移动设备的普及给电信公司带来了巨大的增长机会，但是随着用户数量的不断增长，需要不断满足客户对数字服务的需求。

电信网络性能的好坏直接影响到客户的使用体验，因此优化电信网络性能是电信企业的关键任务。网络使用分析可以帮助电信公司了解容量过剩的区域，并根据需要重新设置路由带宽。大数据分析可以帮助电信公司更好地规划基础设施投资和设计新的服务，以满足客户需求。

电信公司通过大数据对客户进行分类、识别和管理，进而制定精准的营销策略。在客户流失的分析上，电信公司可以基于客户基础信息、通信行为、账务信息、消费行为变化等数据构建流失客户预测模型，提前预测潜在的离网客户，从而可以尽早采取主动提供服务的行动来挽留客户。

电信大数据可以分析某个地区的人流量、车流量等信息以及重点区域的人员流动，为政府管理层面的决策施策提供支持。

3.7.4　金融大数据的应用

银行、保险、信贷等金融服务公司正在积极将大数据用于金融创新、金融风控、金融监管、客户征信等领域。金融大数据的数据源不仅仅局限于金融机构内部，还可以利用各种外部数据源，比如运营商数据、第三方支付数据、电商平台数据、生活服务类数据、小额贷款数据等。

金融风控的体系包括事前、事中和事后三个环节，每个环节都存在不同的风险，对监控手段的要求也有所不同。对于中小企业而言，金融机构可以通过客户生产、流通、销售、财务等方面的信息进行贷款风险的分析。在金融欺诈交易和反洗钱分析方面，银行通过持卡人的基本信息、交易信息、交易行为等构建反欺诈模型，可以实时地起到预警作用。

在客户征信的评估上，传统的个人征信分析维度包括个人基本数据(如年龄、职业、收入、婚姻状况、工作状况等)、信贷数据、公共数据(如税务数据、工商数据、电信数据等)、个人信用报告查询记录等。金融大数据的应用，已经将征信的分析维度进行了较大的扩展，如淘宝的芝麻信用、京东的小白信用等都是互联网金融大数据的充分应用。芝麻信用的信用信息主要来源于阿里巴巴的电商交易数据、蚂蚁金服等互联网金融数据，通过用户的信息维度如信用卡还款、网购、理财、生活缴费等来整合分析用户的个人信息，从用户的信用历史、履约能力、身份特征、人脉等评估还款意愿和能力来给出信用分。京东小白信用从多个维度评估个人信用，如身份特征、人际关系、履约能力、行为偏好、资产等，主要通过分析用户在京东的浏览、购物投资理财情况，依据大数据算法对信用水平给出评估。凭借信用分，用户可以在京东商城享受更多权益，也可以提升京东金融和理财的额度和信誉度。

3.7.5 政务大数据

全国信息安全标准化技术委员会2020年4月发布的《信息技术 大数据 政务数据开放共享第1部分：总则》中定义，政务数据是各级政务部门及其技术支撑单位在履行职责过程中依法采集、生成、存储、管理的各类数据资源，基于统一数据共享交换平台，利用各种技术向其他政府部门、企事业单位或公众提供政务服务。

政府部门越来越注重运用技术手段对数据资源进行深度的价值挖掘，满足日益增长的政府治理、决策的精细化、精准化、科学化需要。随着政务大数据的不断开放和规范，政务大数据会在城市规划、环境保护、税收管理、工商管理、交通管理等领域得到越来越多的应用，有助于提高政府的服务能力和城市治理能力。

第四章　智慧城市核心技术之物联网

4.1　物 联 网 概 述

物联网的概念最初在 1991 年由麻省理工学院 Ashton 教授提出，即通过射频识别 (RFID)、红外感应器、全球定位系统、激光扫描器、气体感应器等信息传感设备，按约定的协议，把任何物品与互联网连接起来，进行信息交换和通信，以实现智能化识别、定位、跟踪、监控和管理的一种网络。简而言之，物联网就是"物物相连的互联网"。

国际电信联盟(ITU)2005 年发布的 ITU 互联网报告中指出，物联网是一场代表计算和通信未来的技术革命，其发展依赖于从无线传感器到纳米技术等许多重要领域的动态技术创新。物联网主要解决物品与物品、人与物品、人与人之间的互联。

国家标准 GB/T 33745—2017《物联网 术语》对物联网技术的定义为：通过感知设备，按照约定协议，连接物、人、系统和信息资源，实现对物理世界和虚拟世界的信息处理并作出反应的智能服务系统。

按照国家标准的定义，物联网技术在传统行业的应用产生了产业物联网和消费物联网两个领域，其中又包含了更为具体的分类，如图 4-1 所示。产业物联网根据商品和服务的所在环节可以继续分为生产物联网、供应链物联网、商业物联网、智慧城市&车联网等。消费物联网根据用户所处的场景可以细分为家用物联网和个人物联网。

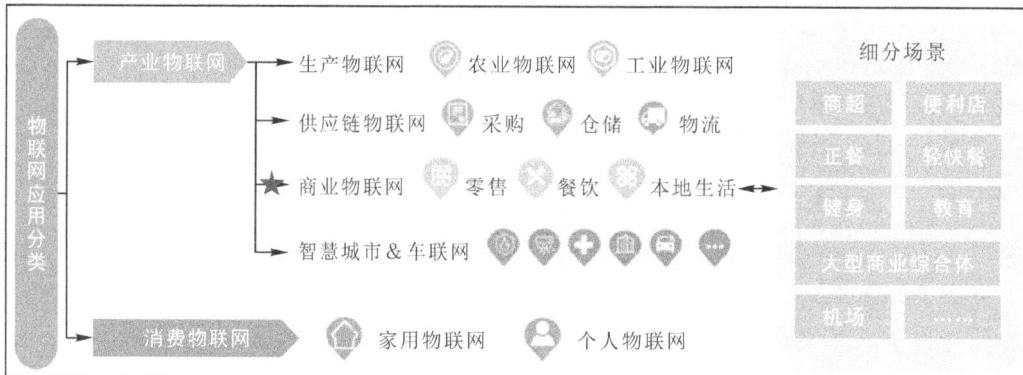

图 4-1　物联网应用分类

尽管国内外对物联网的定义并不统一，但是不同定义之间对物联网本质的理解是大致相同的，也就是把所有物品通过信息传感设备与互联网连接起来，进行信息交换，即物物相息，以实现智能化识别和管理。物联网具备三个特征：一是全面感知；二是可靠传递；三是智能处理，利用云计算、模式识别等各种智能计算技术对海量的数据和信息进行分析和处理，对物体实施智能化的控制。物联网可分为感知层、网络层和应用层三个层次。感知层由各种传感器构成，包括温湿度传感器、二维码标签、RFID 标签和读写器、摄像头、红外感应器、GPS 等感知终端。感知层是物联网识别物体、采集信息的来源。网络层由各种网络，包括互联网、无线网、广电网、网络管理系统和云计算平台等组成，是整个物联网的中枢，负责传递和处理感知层获取的信息。应用层是物联网和用户的接口，它与行业需求结合，实现物联网的智能应用。

根据其实质用途，物联网可以归结为以下两种基本应用模式：

(1) 对象的智能标签：通过 NFC、二维码、RFID 等技术标识特定的对象，用于区分对象个体。例如，在生活中我们使用的各种智能卡、条码标签的基本用途就是用来获得对象的识别信息。此外，通过智能标签还可以获得对象物品所包含的扩展信息，如智能卡上的金额余额、二维码中所包含的网址和名称等。

(2) 对象的智能控制：物联网基于云计算平台和智能网络，可以依据传感器网络对获取的数据进行决策，改变对象的行为并进行控制和反馈。例如根据光线的强弱调整路灯的亮度，根据车辆的流量自动调整红绿灯间隔等。

4.2　物联网的关键技术

物联网的关键技术包括传感器技术、RFID、嵌入式技术等。

传感器技术也是计算机应用中的关键技术。传感器就是把自然界中各种物理量、化学量、生物量等转化为可以测量电信号的装置与元器件。RFID 标签也是一种传感器技术，是集无线射频技术和嵌入式技术于一体的综合技术。RFID 在自动识别、物品物流管理方面有着广阔的应用前景。嵌入式技术是集计算机软硬件、传感器技术、集成电路技术、电子应用技术于一体的复杂技术。经过几十年的演变，以嵌入式系统为特征的智能终端产品随处可见，小到人们身边的 MP3，大到航天卫星系统。嵌入式技术正在改变着人们的生活，推动着工业生产以及国防工业的发展。如果把物联网用人体作一个简单比喻，传感器相当于人的眼睛、鼻子、皮肤等感官，网络就是神经系统用来传递信息，嵌入式技术则是人的大脑，在接收到信息后要进行分类处理。

4.3　物联网传感器种类

传感器可以按照用途、原理、输出信号、工艺制造、测量目的等不同的标准来进行分类。按照用途来分，传感器有速度传感器、加速度传感器、热敏传感器、位置传感器、能耗传感器等。按照原理分类，有生物传感器、振动传感器、湿敏传感器、气敏传感器等。按照输出信号分类，有模拟传感器、数字传感器、开关传感器等。下面介绍几种常用的传感器类型。

(1) 环境传感器。这类传感器通常专门用于收集特定类型的数据点，如温度、湿度、水或空气质量、气体和化学品的存在或辐射等。

(2) 视觉传感器。视觉传感器本质上是一个摄像机，可以通过训练"寻找"一系列数据类型，比如对象分类(人、车辆、对象等)、基本对象检测、颜色检测、面部识别或红外和热检测等。

(3) 声学传感器。与基于视觉的传感器相似，声学传感器基于麦克风，可以适应不同的场景。声学传感器可以监听不同类型的类似声音，如不同发动机噪声之间的差异，也可以监听特定类型的声音，如枪声。声学传感器也被用于语音助手技术中，以监听激活其语言处理功能的"唤醒"单词。

(4) 电气传感器。这类传感器用来测量电气系统中的电压和电流。

(5) 运动/距离传感器。这类传感器通常检测某物或某人是否存在或是否到达某一确定位置。运动传感器通常检测人，而距离传感器可以检测物体，例如洪水区的水位或停车场的车辆。

(6) 位置传感器。这类传感器通常基于 GPS 技术，允许定位或跟踪物体或个人。这些传感器可用于跟踪车队中的车辆(公共汽车、卡车)或正在运输的物品，如冷链中的医疗用品。

(7) 无线电传感器。基于无线电的传感器包含许多不同类型的技术和应用。例如，蓝牙低功耗信标可以向智能手机发送有关用户位置的信息，RFID 卡和标签可用于进入建筑物或支付通行费和监控交通流量(如 ETC 汽车标签)。

(8) 生物特征/生物医学传感器。这类传感器检测静态不变(生物特征)或随时间波动(生物医学)的生理数据。生物特征传感器测量独特的个人特征，如指纹、视网膜、声纹或面部特征。它们常用于识别生物特征，通常作为安全措施。生物医学传感器通常观察生理生命体征，如心率、血氧水平、心电图，本质上是典型的诊断型传感器。生物传感器通常用于可穿戴设备，如健身跟踪器和智能手表。

4.4　物联网数据种类

物联网传感器根据传感器自身的用途采集各种不同类型的数据。

(1) 环境数据。环境数据从位于感兴趣的物理区域(室内或室外)的传感器收集，可以表示自然或人为输入，如温度、空气质量或声级。

(2) 交通/移动数据。交通或移动数据可以表示人们出行方式的许多方面，如交通基础设施的利用率、行人数量或城市街道上的车辆流量。

(3) 位置数据。位置数据通常由全球定位系统(GPS)设备创建的坐标表示。可以提供实时位置来跟踪人、动物、车辆或其他移动物体。

(4) 能源数据。能源数据可以表示系统产生的能源、使用的能源、加热/冷却系统的状态。

(5) 基础设施数据。基础设施数据表示基础设施或机器的状态，可以通过连接垃圾桶、水管、建筑物或其他基础设施相关的监测数据点来表示。

(6) 生物特征/健康数据。生物特征表示有关个人身体特征的信息，可以用作识别信息，如指纹、面部特征或个人步态；健康数据代表个人或人群整体健康随时间变化的短期或长期信息。

4.5　物联网数据分析技术

物联网数据分析可以在设备上或云中执行，分析可以以仪表板、表格、警报或建议的形式显示为信息。

描述性分析是物联网数据分析中最简单、最直接的形式。数据可以用表格或图表表示，具备非常基本的数据处理功能，例如计算平均值。

预测性分析旨在根据历史数据预测结果。例如，根据测得的泄漏数据预测管道是否会破裂，或者根据性能变化预测电机等机器部件何时会发生故障。在这两种情况下，预测可以提前发出维护通知，以避免设备或系统故障。

规定性分析旨在收集数据，并将其转化为用户可操作的建议。除从描述性分析中知道发生了什么或从预测性分析中知道可能发生什么之外，规定性分析还可以根据提供的数据推荐某种操作。比如在交通管理中，由于监测到某个区域共享自行车数量增加，建议将自行车从一个站点移动到另一个站点来平衡自行车共享网络。

4.6　物联网系统参考体系结构

全国信息技术标准化技术委员会(SAC/TC28)提出并归口的 GB/T 33474—2016《物联网参考体系结构》国家标准制定了物联网系统的顶层架构设计，为物联网应用系统设计提供了分解参考设计。该标准基于物联网概念模型，从感知控制域、资源交换域、服务提供域、运维管控域和用户域五个功能系统的相互关系角度给出了物联网系统参考体系结构，如图4-2所示。

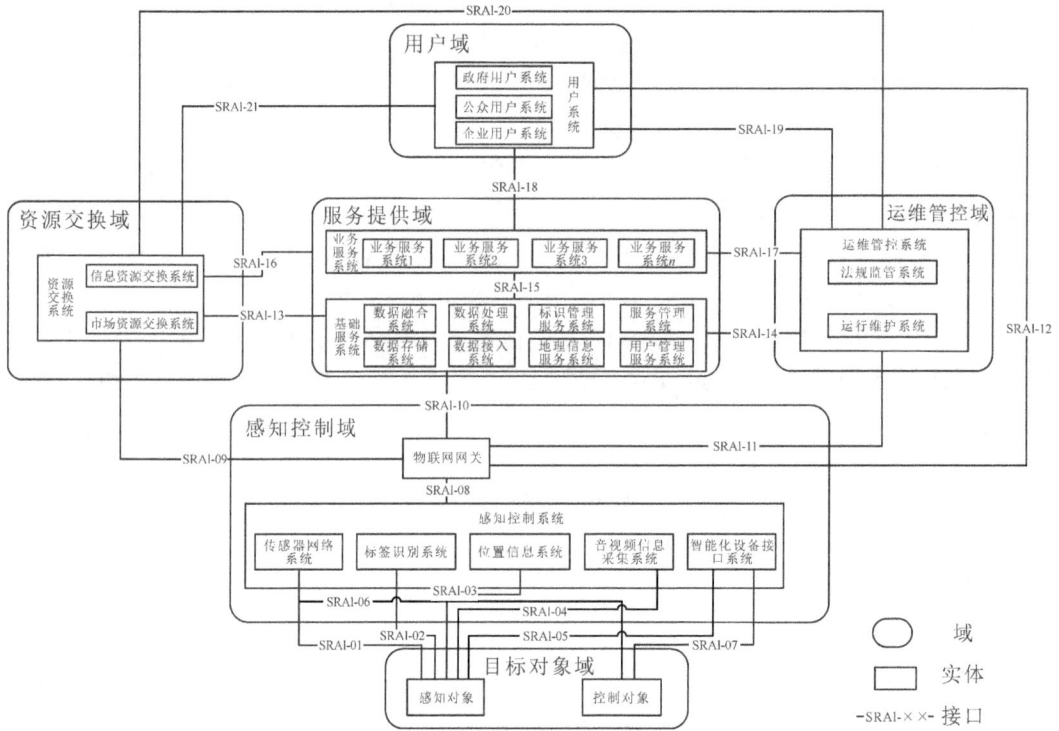

图 4-2　物联网系统参考体系结构

由图 4-2 可知，六个域之间的相互关系通过实体之间的接口实现。

用户域的实体是用户系统，包括政府用户系统、公众用户系统和企业用户系统三种类型，物联网用户通过用户系统接入物联网，借助物联网提供服务。

目标对象域包含感知对象和控制对象两个实体，分别是物联网用户期望获取信息的对象和期望执行操控的对象的实体集合。两个类型的对象实体与感知控制域中的实体通过通信类接口进行关联，实现物理世界与虚拟世界的接口绑定。

感知控制域包括物联网网关和感知控制系统两个实体。物联网网关用以支撑感知控制系统与其他系统之间的互联，同时与感知控制系统进行关联。物联网网关提供类似于互联网网关的功能，如协议转换、地址映射、数据处理、安全认证等。感知控制系统一般包括传感器网络系统、标签识别系统、位置信息系统、音视频信息采集系统、智能化设备接口系统，这些系统会执行相应的感知功能和控制需求。

服务提供域由基础服务系统和业务服务系统两类实体构成。基础服务系统可以提供数据接入、数据处理、数据融合、数据存储、标识管理、GIS、用户管理、服务管理等物联网基础支撑服务。业务服务系统依据不同的特定用户需求提供不同的物联网业务服务系统，比如对象信息统计查询、告警预警、操作控制等。

运维管控域的实体是运维管控系统，包含法规监管系统和运行维护系统。前者用于保障物联网应用系统能够符合相关法律法规，后者用于实现管理和保障物联网中设备和系统可靠、安全运行。

资源交换域的实体是资源交换系统，包括信息资源交换系统和市场资源交换系统。依托信息资源交换系统，特定用户可以获取其他外部系统必要的信息资源，或者为其他外部系统提供信息资源，实现系统之间的信息资源交换和共享。市场资源交换系统用于支撑物联网应用服务，为物联网相关的信息流、服务流和资金流提供交换。

图 4-2 中，两个实体之间的接口固定了相互的关联关系。总体来看，这些接口可以分为数据通信类接口和非数据通信类接口。比如 SRAI-02 接口关联了感知对象和标签识别系统两个实体，定义了不同标签与感知对象的绑定关系，是一个非数据通信类接口；SRAI-05 接口关联了智能化设备接口系统与感知对象之间的关联关系，为智能化设备接口系统提供了获取感知对象的相关参数、状态和基础信息的路径，是数据通信类接口。

4.7　物联网技术框架

《物联网　参考体系结构》国家标准基于物联网技术，主要涉及感知、网络、应用和公共技术四个部分。物联网的技术框架如图 4-3 所示。

在物联网技术框架中，感知技术、网络技术和应用技术存在相应的层次关系，依次从底层到顶层，公共技术对这三个层次都给予支撑。

感知技术层分为采集控制技术与感知数据处理技术。采集控制技术通过传感器、条码、RFID、智能设备接口、多媒体信息采集、位置信息采集和执行器完成对对象属性的设备采集和控制操作。感知数据处理技术对感知数据和控制数据进行加工和处理，需要用到传感网、网关、模/数转换、M2M 终端和传感网中间件等。

网络技术层为物联网提供通信技术的支持，实现物联网体系结构中实体之间的通信连接和信息交换。目前主要的网络技术有光通信网络、移动通信网络、异构网、VPN、互联网、M2M 网络、局域网、Wi-Fi、自组织网络、总线网等。根据域内部和域间的特点采用不同的网络技术。感知控制域的短距离网络技术需要自组织网络技术、总线网络技术的支持，域间一般采用广域网技术，域内采用各种局域网技术，移动通信技术同时适用于域内和域间。

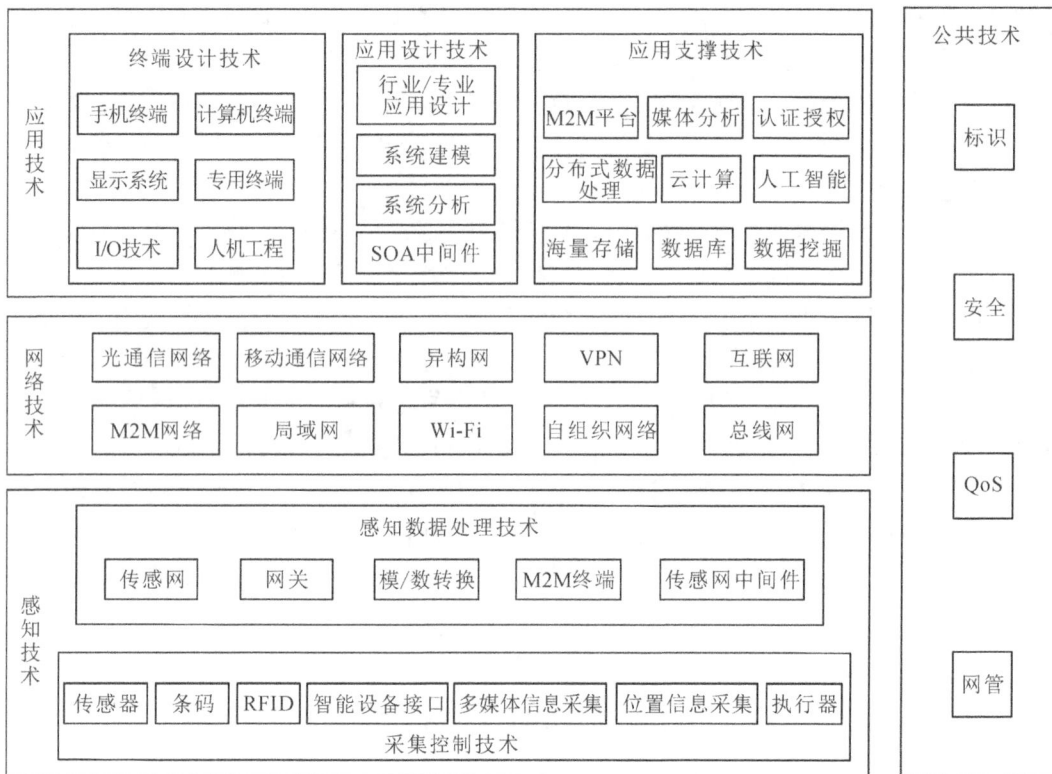

图 4-3　物联网技术框架

　　应用技术层通过对感知数据的深度处理为各种物联网应用提供服务，用户通过人机交互平台使用各种服务，涉及的应用技术主要包括终端设计技术、应用设计技术和应用支撑技术。终端设计技术面向各种不同的终端类型来提供服务。应用设计技术通过对行业或专业物联网应用系统的分析和建模，构建面向不同行业或专业的物联网应用系统。应用支撑技术能够为物联网应用提供基础数据服务和业务服务的相关技术，包括分布式数据处理、云计算、人工智能、海量存储、数据库和数据挖掘等技术。

　　公共技术通过网管、QoS、安全和标识等为物联网整体性能提供支撑。

4.8　面向智慧城市的物联网技术应用

　　智慧城市是对物联网技术的集成应用，物联网技术为智慧城市的建设提供技术支撑，因此在图 4-2 所示的物联网系统参考体系结构上可以给出面向智慧城市的物联网系统参考体系结构，如图 4-4 所示。

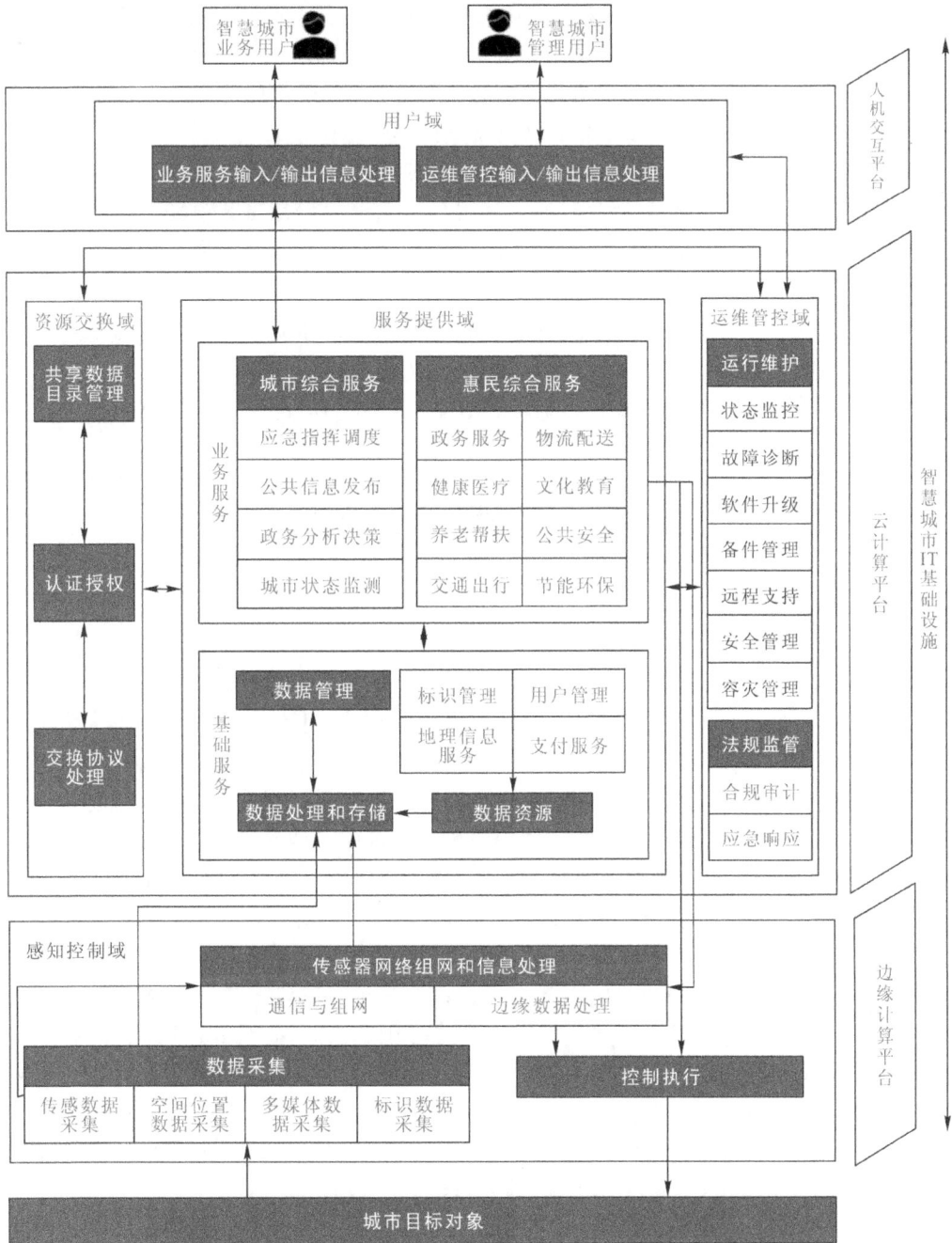

图 4-4 面向智慧城市的物联网系统参考体系结构

总体而言，该体系结构描述了物联网系统对智慧城市目标对象进行感知和控制的方式，为智慧城市业务用户和智慧城市管理用户提供物联网应用服务。基于感知控制域构建的边缘计算平台，基于资源交换域、服务提供域、运维管控域构建的云计算平台和基于用户域构建的人机交互平台是智慧城市中物联网系统支撑的智慧城市 IT 基础设施。

智慧城市的目标对象包括智慧城市感知对象和控制对象。智慧城市用户域中的业务用户是有物联网需求的政府、企业、公众等用户，管理用户是对智慧城市中物联网系统进行运维管控的用户。服务提供域包含业务服务和基础服务两种类型。特别要说明的是业务服务类型，它包括针对智慧城市建设需求的城市综合服务和惠民综合服务。城市综合服务包括应急指挥调度、公共信息发布、政务分析决策和城市状态监测等服务；惠民综合服务包括政务服务、物流配送、健康医疗、文化教育、养老帮扶、公共安全、交通出行和节能环保等。资源交换域和运维管控域中的具体功能都是面向智慧城市提供物联网技术支持。

4.9　物联网应用领域

4.9.1　消费领域

物联网影响着消费者生活的方方面面。可穿戴设备可以跟踪监测我们的活动水平和生物特征，如心率或睡眠数据。有些产品可以实现日常家务的自动化，从使用摄像头跟踪杂货库存到可以远程编程和操作的扫地机器人均有体现。有些系统可以保护或监控家庭安全，比如智能门锁和交互式门铃，可以判断是否允许人们进入或提醒人们可能的威胁。有些智能家居产品可以根据我们的习惯和空间使用情况，通过动态调整光线或温度来帮助管理能源使用。在虚拟游戏中，可以根据语音命令或视觉输入作出反应和调整操作。

消费物联网产品可以为用户提供健康、节能、节约成本、便利的生活。但是与此同时，这些产品可能对隐私和数据安全造成威胁。近年来，消费物联网产品造成用户隐私和数据安全受到损害或攻击的案例不胜枚举。智能音箱、可穿戴设备和其他物联网技术中越来越多地嵌入语音助手，其易用性和便利性在消费者中越来越受欢迎，用户能够向设备发出命令或查询，自动获取信息或让设备执行任务，如播放音乐、记笔记、购物或打电话。然而，用户的语音记录数据被错误地与联系人名单上的人共享，或者在用户不知情的情况下发送给负责质量控制和改进产品算法的第三方承包商等情况并非个例。更令人不安的是，其中一些数据会在未唤醒设备的情况下被记录。

僵尸网络攻击是一种破坏大型互联网系统安全的事件。2016 年，恶名昭著的僵尸网络 Mirai 攻陷了数十万个物联网设备，并利用这些设备对互联网上的主要网站执行一系列分布式拒绝服务攻击，使其预期用户无法访问这些设备。由于物联网产品通常依赖制造商的服务器和软件来保证产品的正常使用，因此当该公司中断支持时，物联网设备可能会完全停止工作，失去已有的功能。

4.9.2　工业领域

工业物联网是物联网的主要应用领域，通过各种终端传感器的部署和实时通信技术的支持，物联网技术不断融入工业生产的各个环节，用以提高制造效率，改善产品质量，降低产品成本和资源消耗。物联网技术在制造业供应链上的应用涉及企业各种原材料的采购、存储和销售等环节，可以完善和优化供应链管理体系，提高供应链效率，降低成本及实现制造业供应链的科学管理。物联网技术在生产线上的充分应用可以实现生产过程的实时监测、生产设备的实时监控、材料消耗的实时监测，进而可以促进智能监控、智能决策、智能控制水平的提高，提高产品品质，优化生产流程。物联网技术与环保设备的融合使用，可以对工业生产过程中产生污染的环节及关键指标进行实时监控，防止突发性污染环境事故的发生。在设备或者现场工人的身上安装或携带感知环境的传感器可以感知设备、现场工人周边的环境和安全状态信息，实现实时感知、准确辨识和有效控制。工业物联网的广泛使用给工人带来的既有好处也有风险。一方面，物联网的使用可以提供新的工作或职业发展机会，还可以使工作场所更安全、更高效；另一方面，员工可能会担心暴露隐私，影响对雇主的信任。

4.9.3　政务领域

过去十年，政府对物联网的使用有所增加，特别是在市政管理部门努力发展"智慧城市"之际，利用环境传感器、GPS、智能电表、计数器、摄像头和其他连接设备，城市获得了前所未有的数据规模。城市正在利用这些数据来衡量环境状况、设定目标和实施能够改善居民生活的干预措施。通过跟踪公共服务车辆，可以优化运营并实施预防性维护；通过监控能源的使用，可以提高效率；通过分析人流，可以更好地规划公共空间。

政府在整合物联网方面可能面临各种挑战。协调机构之间的关系、建立有效的治理机制、创新最新技术、跨部门共享数据和知识以及防范网络攻击只是其中的一小部分。物联网技术给政府带来的最大担忧包括透明度、居民数字权利和负责任地有限使用数据。

为了解决居民对隐私和透明度的担忧，在部署物联网终端时越来越多地使用"设计隐私"原则。例如，澳大利亚墨尔本市已经实施了行人计数系统，该系统允许市政当局及其居民了解城市不同区域的活动，以更好地为决策和未来规划提供信息。出于保护居民隐私和对当地政府信任的考虑，墨尔本在项目中不收集个人信息，只记录运动，不记录图像。此外，该项目的数据通过交互式可视化在网站公开共享,因此居民可以与政府一起自由使用该数据。

4.10　物联网技术在智慧城市中的应用

本节内容主要以物联网技术在纽约的应用为例。纽约市物联网战略围绕六项关键原则制定。这六项关键原则是:治理 + 协调;隐私 + 透明度;安保 + 安全;公平 + 公正;效率 + 可持续性;开放 + 公众参与。

纽约市物联网战略提供了解决管理问题的建议,并概述了近期城市行动的五大目标:通过创建支持物联网技术研究、测试和实验的计划促进创新;让居民了解物联网计划以促进城市物联网使用的数据共享和透明度,并汇总城市工作中的信息和数据,以便在适当的情况下跨机构向公众提供这些信息和数据;通过新的政策和流程,改善城市互联技术使用的治理和协调;通过支持和寻求新的合作机会,从跨部门伙伴关系中获取价值;通过创建新的交流渠道和倡导数字权利与业界接触。

4.10.1　市政用途

纽约市对物联网技术的使用在过去十年中稳步增加,涉及范围广泛,包括监测空气质量、温度和其他天气数据,分析交通模式和统计骑自行车的人数,跟踪城市自有车辆,评估能源使用情况,维护水管等。该市规模最大的物联网项目之一是环境保护部门(DEP)的无线水表集成。这些水表使环境保护部门能够监测全市 80 多万栋建筑的用水情况,无需安排检查人员上门读取水表。该系统还可以在居民水管发生泄漏,或者本应空置的建筑物被人居住时,根据跟踪使用量的增加向居民发出提醒。

另一个大规模的项目是城市管理服务部门(DCAS)实施了全国最大的公共车辆跟踪计划。2018 年成立的实时跟踪办公室(FORT)使用远程信息处理系统(包括远程通信、车辆和传感器技术),跟踪 50 个城市机构和 40 家公立校车公司的 23 000 辆车,记录车辆位置、利用率和维护需求,以及碰撞、超速、安全带使用和怠速等数据。该项目的数据正被用于改善城市服务、提高燃料和资源使用效率以及应对紧急情况。所有这些都对成本、可持续性、服务质量和公共安全产生了巨大影响。DCAS 认识到车辆位置数据的敏感性,已实施了一套内部安全政策和程序,用于访问和管理项目数据。DCAS 还会将数据脱敏后与外部合作伙伴(如大学)一起使用数据进行分析。

该市还利用物联网自动执行交通法规,提高公共安全。作为该市改善城市街道安全的零视野计划的一部分,纽约市交通部(NYC DOT)的测速摄像头计划使用联网摄像头远程执行城市学校区域的限速。该计划于 2014 年首次启动,并于 2019 年扩大,当时通过了一项州法律,扩大了高速摄影机使用的区域和时间。它现在覆盖了法律允许的所有 750 个学校区域。部署的摄像头可识别车速超过标示限速 10 英里(约 16 km)及以上的车辆,拍摄车辆牌照图像,并向注册车主发出 50 美元的罚款通知。从最初的摄像头中获得的数据显示,在有摄像头的区域内超速的情况下降了 60% 以上,而且大多数违规者没有收到第二张罚单。许多城市正在寻求自动化执法,以减少地方执法部门对低级别交通违规行为的参与。一些公民权利和宪法权利倡导者认为,这种模式可以通过消除人为主导的交通执法的自由裁量因素,帮助创建更公平的城市。

纽约市交通部门于 2015 年开始了一项为期 75 个月的研究和试点计划,该计划是美国交通部资助的联网车辆项目的一部分。纽约市联网车辆项目(CVP)主要关注安全应用,它依赖于车对车(V2V)、车对基础设施(V2I)和车对行人(V2P)的通信。除使用这项技术来防止车辆之间的碰撞外,还有一些应用程序可以帮助盲人和弱视力行人通过街道交叉口,以及监控工作区速度法规的遵守情况或超大车辆的高度限制情况等。

2020 年,纽约市交通部门完成了交通信号、摄像头和行驶传感器网络的转换,从全市范围内已停止使用的纽约市道路交通信息网转换为新的交通安全网络(TSN),创建了该市最大的物联网通信网络。TSN 将 13 000 多个交叉口和设备连接到 DOT 的交通管理中心,提供城市道路使用的态势感知,并促进自适应交通控制和公交信号优先化等高级应用,以提高公交车行驶速度。此外,纽约市交通部门正在使用物联网为市民提供便利,并简化整个城市的计费停车场的运营、管理和实施。2016 年,该市推出了名为 ParkNYC 的停车付款移动平台。2021 年,纽约 DOT 开始安装收费表,这将有助于引入新的路边管理技术、增强分析能力和提高执行效率。

纽约市还通过一系列实验项目测试新的物联网应用方法。2020 年 1 月,纽约市卫生和精神卫生部门与纽约市首席技术官(CTO)和 DCAS 以及麻省理工学院 Senseable 城市实验室合作创建了一个试点项目。该 CityScanner 项目是传统方法收集环境数据的低成本替代方案。太阳能传感器节点连接到城市车辆的车顶,可以比传统的固定位置传感器收集更多的超本地数据。传感器捕捉环境数据,如空气质量、温度、湿度和路况,并将这些数据记录到在线数据库中。该项目首期为期四周,试点工作在纽约南布朗克斯区进行,该区的空气质量一直低于平均水平。这些数据被用于确定潜在的空气污染"热点",或排放水平特别高的地区,以努力确定其来源并解决问题。

2020 年夏天,纽约市 CTO 推出了一项"快速物联网"概念验证项目,旨在从短期、低成本设备部署的角度研究物联网,收集数据,以便快速了解情况并进行更深入的研究。每一次快速物联网部署都可以被视为一个更大的信息或操作物联网项目的概念证明。纽约市 CTO 代表市长办公室收集了两周的温度和湿度数据,对这一概念进行了测试。在短短两周的时间里,纽约市 CTO 智慧城市和物联网实验室设计并制造了传感器,建立了数据通信和仪表板,以监控和分析传入的数据。

2021年，纽约市DOT和CTO在帝国发展公司资金的支持下，尝试将计算机视觉技术用于通过部分区域的行人、自行车和车辆的自动计数。目前这种类型的工作是手工进行的，是劳动和成本密集型的。拥有关于交通习惯和模式如何变化的更严格的数据集将使交通部门能够评估街道设计和道路基础设施，以更好地适应城市内交通的发展。这一年的试点工作遵循隐私保护原则，除在短暂的校准期间选定的传感器外，将不会从设备传输任何图像或视频数据。这种方法使城市能够利用计算机视觉技术提供高级分类和计数功能，但不必担心与视频传输和录制相关的隐私问题。在试点过程中，该市还与居民沟通，收集有关该技术的反馈信息，并评估可作为未来物联网项目的模型。

4.10.2　工业用途

纽约市的企业正在开发和部署物联网解决方案，以满足新发展的需求并改进其工作方式。从房地产到移动网络、从能源到农业，物联网正在改变纽约市公司的运营方式。以下以几个例子说明纽约工业物联网生态系统的贡献和参与方式的范围及多样性。

过去十年，物联网在纽约市的交通部门发挥了重要作用，大多数纽约人都很难不注意到不断变化的街道景观和出行方式。纽约市交通部门与一系列移动服务提供商合作，包括几家总部位于纽约市的公司，以一种适合纽约市的方式为城市居民提供创新解决方案。

自2013年以来，Lyft运营的自行车共享计划花旗自行车(CitiBike)已有超过1.1亿人次使用，在四个行政区安装了超过1150个站点，并拥有超过175 000名年度会员。太阳能自行车停靠站与互联网相连，用户可以使用RFID遥控钥匙、CitiBike智能手机应用程序和车站亭的密码解锁自行车。用户可以使用智能手机检查自行车状况或可用的停靠位置并用手机付款。花旗自行车公司改变了纽约人在城市的出行方式，该网络继续向新社区发展。2018年，纽约市交通部门启动了一项试点计划，将"无码头"自行车共享带到花旗自行车网络未提供服务的三个服务区。该模式使用GPS技术，允许自行车在任何地方停放和取车，而无需使用专门的固定停车底座。GPS连接允许用户通过智能手机应用程序定位和解锁自行车，并可通过"地理围栏"将自行车保持在规定的服务区域内。2019年，Lyft宣布投资1亿美元扩大网络，服务面积翻了一番，自行车数量翻了两倍，达到4万辆。

2017年，纽约市议会通过了第47条和第50条地方法律，要求纽约市交通部门实施汽车共享试点计划。为期两年的全市试点在市政停车设施和选定街区的路边指定了285个停车位供汽车共享公司使用。Zipcar和Enterprise CarShare被选为试点(后者于2020年暂停服务)，两家公司在四个行政区的14个区域内配送车辆。与共享自行车类似，通过使用物联网技术，用户可以通过智能手机应用程序找到并解锁车辆，从而无需从员工管理的租赁地点租赁车辆。

2018年，总部位于纽约市的Revel公司将电动助力车共享添加到该市的智能交通选项中，为持照机动车驾驶员提供服务，可使用纽约市机动车部门注册和许可的车辆。该项目的租赁模式类似于自行车或汽车共享。在布鲁克林区和昆斯的新冠疫情期间，公司扩大了覆盖范围，将其车队扩展到 1000 辆，部分是为了在 COVID-19 大流行期间为需要医疗用品的医疗工作者提供服务。Revel 使用地理围栏技术确保车辆停在指定的服务区，并且不在城市公路或河流交叉口使用。

房地产技术包括改变建筑设计、建造、交换、运营等，是整个城市物联网技术应用不断增加的另一个领域。依据纽约市 2019 年《气候动员法》的规定，建筑物必须大幅减少能源使用和温室气体的排放。从 2024 年开始，超过 2322.58 m^2 的建筑将特别需要满足严格的排放限制，到 2030 年，它们将被要求至少减排 40%。利用智能恒温器、室温控制传感器、连接的加热和冷却设备来组合工作，可以减少建筑物能耗并降低运营成本。

纽约市的公司也在直接利用物联网技术进行开发和创新。例如，Latch、Canary 和 Wink 等公司正在为本地开发一系列智能家居产品，如智能锁、智能摄像头等。当地工程和制造公司 Adafruit Industries 开放源代码，供公司和个人开发下一代产品或学习和制造自己的物联网设备。

4.10.3　当地公共教育和培训用途

城市运营或城市资助的数字技术提供商为市民提供使用消费物联网产品的培训。城市运营提供商还提供公共数据素养或物理计算培训，这些技能是市民参与更广泛物联网生态系统建设的基础。市长数据分析办公室与公民技术集团 BetaNYC 和城市机构合作，为市民开放数据门户的培训。此外，他们还与 BetaNYC 和皇后区公共图书馆合作，培训一批志愿者成为"开放数据大使"，他们可以在每个皇后区社区委员会的图书馆分支机构领导数据素养项目，参与社区特定数据的使用，以支持技术发展和公民参与。2019 年夏天，皇后区公共图书馆的技术实验室推出了一项为期八周的社区科学项目，该项目除其他活动外，还使用空气束传感器套件监测社区空气质量，并确定污染热点区域。全市的数字扫盲提供商还提供在线隐私和数据安全方面的培训和支持。值得注意的是，2018 年，纽约市推出了数字安全倡议，该倡议致力于培训纽约市各图书馆分馆的工作人员，以回答用户有关在线隐私和安全的问题。

纽约市教育局还提供基础计算思维和计算机科学教育，包括为 K-12 学生提供物理计算教育。2015 年，纽约市启动了 CS4All 计划，目标是到 2025 年将计算机科学教育普及到每一所小学、中学和高中，重点是女性、黑人和拉丁美洲学生。纽约市教育局目前在所有年级提供多种课程，包括中学物理计算课程，学生使用简单、可编程的计算机设备，如 micro:bit 和 Arduino 学习交互式编程。

哈莱姆的 COSMOS 项目和试验台还包括一个以物联网为特色主题的教育部分。

COSMOS 教育工具包提供的课程"将数学、科学和计算机科学这三门学科融为一体,形成一个无缝的包,帮助学生在不断发展的国际劳动力市场中具备竞争力"。目前,通过该资源,共有 125 个实验可供六至十二年级的学生使用。该工具包包括称为物联网节点的硬件,该节点由具有各种无线接口(如 XBEE、Wi-Fi 和蓝牙)的基于微控制器的设备组成,还包括诸如空气和土壤温度、湿度、光亮度和颜色、二氧化碳水平、灰尘(PM1.0、PM2.5 和 PM10)、噪声传感器和加速计等的传感功能。COSMOS 团队在纽约市各地培训了教育工作者,让他们根据课程进行教学,并让学生参与实验室项目,如空气质量监测、了解无线电波如何在障碍物周围传播和监测植物生长等。

纽约城市大学于 2006 年推出了一个建筑性能实验室(BPL),致力于通过研究、继续教育和产业合作来支持建筑环境的可持续性。BPL 采取的举措之一是一项劳动力教育计划,旨在提高建筑经理和工程师的技能,以便使用物联网和物联网衍生数据来管理建筑系统,并支持能源效率优化。BPL 一直向私营部门利益相关者提供这种培训。自 2009 年以来,城市管理服务部门一直与 BPL 和纽约城市大学专业研究院合作,通过一项名为能源管理研究所(EMI)的联合教育计划,对其员工进行培训。EMI 自成立以来,已培训了超过 2500 名城市员工,旨在提高学习效率和数据管理的广度和深度。

4.10.4　地方治理的用途

近年来,纽约的城市立法提高了城市应对使用物联网技术机遇和挑战的能力。2020 年的《城市宪章》为城市建立了物联网安全评估能力,为机构制定物联网网络安全政策、标准和指南提供了指导。2017 年,纽约市议会通过了第 245 号和第 247 号地方法律,共同确立了首席隐私官(CPO)的角色、全市隐私保护委员会以及纽约市新的隐私保护框架。2018 年,市长发布了一项行政命令,成立了市长信息隐私办公室(MOIP)。CPO 领导 MOIP,通过 2019 年制定的一套全市隐私保护政策和协议,致力于保护纽约人的身份信息,同时在法律允许的情况下最大限度地实现跨机构的数据共享。

在此之前,纽约市于 2012 年颁布了《开放数据法》,2013 年成立了市长数据分析办公室(MODA),并于 2018 年将其写入《城市宪章》,其使命是将战略分析思维应用于数据,以帮助城市机构更公平有效地提供服务,并提高运营透明度。随着城市数据收集和使用的数量和模式的多样性不断扩大,MODA 在管理和理解数据方面起着越来越重要的作用。MODA 与纽约市信息技术与电信部门合作监督纽约市开放数据项目,这是一项广泛的工作,旨在使城市机构及其合作伙伴的数据更公开,并让社区参与并利用它。MODA 进一步支持城市机构共享因其敏感性而不适合公开发布的数据,为技术系统需求作出贡献,并寻求改进城市数据共享平台和工具。MODA 通过短期和长期分析合作,以及召集机构分析专业人员,为机构分析数据提供支持,以便更好地利用信息技术。内部协调、数据共享以及建立/维护内部数据利用能力对于最大限度地利用城市物联网资源至关重要。2019年，纽约市通过一项行政命令设立了算法管理和政策官员职位，并授权纽约市政府机构制定公平、安全地使用算法工具的框架，该框架可在某些物联网部署中发挥作用。

2018年，纽约市与巴塞罗那和阿姆斯特丹共同成立了城市数字权利联盟，这是一个由市政当局和多边组织组成的网络，致力于利用技术改善其选民生活，并提供社区可信和安全的数字服务和基础设施。

4.10.5　社区治理的用途

如今，纽约市各种社区团体正在使用并参与物联网。当地商业改善区(BIDs)，如曼哈顿市中心联盟和布鲁克林市中心合作伙伴关系等，已经将物联网技术作为其规划和支持当地商业的一部分。几年来，曼哈顿市中心联盟一直在利用行人计数技术来了解街区及其周围的行人流量，收集数据并与企业和公众共享。布鲁克林市中心合作伙伴关系与布鲁克林的技术社区合作，展示新技术，并将布鲁克林市中心的空间用作"生活实验室"，用于监测交通流量和模式，绘制空气质量图。2018年，纽约市首席技术官(CTO)与纽约市交通部门、布朗斯维尔社区司法中心和纽约市经济发展中心合作，启动了纽约 X 合作实验室项目。Acivic 创新倡议将社区建设、参与性研究、技术教育和开放式创新挑战相结合，以解决纽约市各社区的城市不平等问题。联合实验室与社区合作，确定关键挑战，并共同设计试点技术方案以解决这些挑战。在其首期项目中，该市及其合作伙伴致力于在布鲁克林布朗斯维尔的贝尔蒙特大道的某一段上安装交互式照明设施。该试点项目旨在解决社区对天黑后贝尔蒙特道路安全的担忧，并且通过增加新的照明元素来观察街道上的活动，提高居民的安全感，增加夜间空间的使用。

前期尝试的 LED 照明元件连接在城市灯杆上，通过无线通信激活街区上下的彩色图案，以响应下方人行道上行人的移动。这些灯不仅通过数字方式相互连接，而且还通过互联网连接，在互联网上以不可识别的方式获取有关何时触发灯的数据，以帮助城市了解照明干预是否影响行人对街道的使用。城市和布朗斯维尔社区司法中心将结合这些数据与社区相关人员的定性访谈，了解试点干预的影响，并确定下一步措施。值得注意的是，该项目在数据收集中使用了设计隐私原则。在项目的初始参与和共同设计过程中，社区成员对在社区中增加监控元素表示关注。出于这个原因，该项目故意选择了无法识别单个属性的技术。使用的被动红外传感器仅检测一个人或多个人的热信号，它们只能区分活体和无生命物体。这确保收集的数据具有了解走廊沿线步行交通的时间和数量所需的最小数据量。

纽约 Co-Labs 计划在 2021 推出另一个物联网项目，作为因伍德和华盛顿高地的"房屋权利挑战"的一部分。纽约市 CTO 与纽约市住房保护和发展部门、纽约市经济发展委员会和市长办公室合作，保护租户权利。该办公室将与一家总部位于纽约市的非营利性科技公司(Heat Seek)合作，安装低成本、能联网的温度传感器，可以帮助租户证明并解决在寒冷的冬季公寓内的热量不足的问题。

2018 年 4 月，美国国家科学基金会(NSF)宣布提供 2250 万美元经费给一些本地合作伙伴，作为其先进无线平台(PAWR)计划的一部分。COSMOS 项目由鲁特格斯大学、哥伦比亚大学和纽约大学牵头，与纽约市、纽约城市学院、亚利桑那大学和社区组织 Silicon Harlem 合作，其目标是在西哈莱姆部署一个先进的无线研究试验台，技术重点是与边缘计算紧密结合的超高带宽和低延迟无线通信。项目完成后，测试平台将包括 40～50 个高级软件定义的无线节点，以及光纤前端和后端网络、边缘和核心云计算基础设施。该试验平台将推动无线技术的进步，也将用于智慧城市和物联网应用的研究。该试验平台只是美国两个类似的试验台之一，表明了纽约市致力于物联网和无线技术领域的先进研究和前瞻性思考。

第五章 智慧城市核心技术之云计算

5.1 云计算技术概述

数字技术和互联网的发展，特别是互联网数据的急速增长，导致互联网数据处理能力相对不足，但同时也存在大量处于闲置状态的计算设备和存储资源。如果可以将它们聚合起来统一调度提供服务，则可以大大提高使用率，让用户受益。云计算的提出就是为了实现这样的目标，实现对资源和计算能力的分布式共享。云计算至今没有统一的定义，不同的组织都会给出不同的定义。国内较为广泛接受的定义是由中国云计算专家咨询委员会副主任、秘书长刘鹏提出的："云计算是通过网络提供可伸缩的廉价的分布式计算能力。"

美国国家标准与技术研究院给出的云计算定义为：云计算是一种模型，用于对共享的可配置计算资源池(例如网络、服务器、存储、应用程序和服务)提供无处不在、方便的按需访问，这些资源可以通过最小的管理工作或服务提供商提供快速服务。

云计算具有超大规模(计算资源规模庞大)、虚拟化(把单个服务器虚拟成多个虚拟机)、动态扩展性(动态提供存储空间和处理能力)、高可靠性(运用数据多副本容错，计算节点同构可互换，提高可靠性)和经济性(自动化管理)等特点。云计算的演化主要经历了四个阶段，依次是电厂模式、效用计算、网格计算和云计算。

5.2 国内外云计算提供商

1. 阿里云

阿里云创立于 2009 年，是当前国内云计算公有云市场公认的行业巨头，在资本、规模、技术实力、品牌知名度和生态系统方面都具有明显的优势，致力于以在线公共服务的方式提供安全、可靠的计算和数据处理能力。2021 年国际数据公司(IDC)发布的《中国公有云服务市场(2020 第四季度)跟踪》报告显示，2020 年第四季度中国 IaaS 市场规模为 34.9 亿美元，阿里云占据市场份额第一的位置。阿里云的产品包括弹性计算、存储、数据库、安全、大数据、人工智能、容器和中间件、开发与运维、物联网等，在金融、政务、交通、医疗、电信等多个领域有实际应用，典型的云端实践包括杭州城市大脑、12306网站、中国石化、国税总局、国家天文台和新浪微博等。

2. 华为云

华为云成立于2005年，专注云计算中公有云领域的技术研究与生态拓展，为用户提供一站式云计算基础设施服务，以"可行、开放、全球服务"为三大核心优势服务全球用户。华为云的产品包括弹性云服务器ECS、华为云会议Meeting、云硬盘EVS、对象存储服务OBS、云数据库MySQL、内容分发网络CDN、文档数据库服务DDS、AI开发平台ModelArts、域名注册服务Domains、软件开发平台DevCloud、物联网云服务、边缘计算、安全服务等。华为云在互联网、制造、基因医疗、能源电力、汽车、政务、交通物流和传媒等领域有诸多案例，包括网易游戏、虎牙直播、华大基因、中国燃气、中国一汽、深圳机场等。

3. 腾讯云

腾讯云提供云服务、云数据、云运营等整体一站式服务方案，其服务涵盖从基础设施到行业应用等各领域，具有完善的产品体系。2021年，IDC发布《中国公有云服务市场(2020第四季度)跟踪》报告显示，华为云与腾讯云并列第二。腾讯云的主要产品包括云服务器、云数据库、CDN、云安全、云点播、GPU云服务器、边缘计算服务器、云开发、视频服务、云防火墙、数据湖分析、人工智能平台服务和物联网开发平台等。腾讯云在教育、建筑、游戏、移动、金融、政务、汽车、文旅、能源、医疗等领域有广泛应用，其行业案例包括广发证券、小红书、猫眼电影、CNTV、蘑菇街、大众点评、同程网、搜狗等。

4. 天翼云

天翼云是中国电信旗下的一家科技型、平台型、服务型公司，以"云网融合、安全可信、专享定制"的特色为客户提供各种云服务，包括云主机、云存储、云备份、桌面云、大数据等全线产品，同时为政务、教育、金融等行业打造定制化云解决方案。天翼云PaaS承载了超过1亿的用户，并发服务能力超过100万，网络连接处理能力超过100万，在全国有700多个数据中心。天翼云在政务、工业制造、金融、医疗、教育、融媒体、农业、交通物流等领域有众多应用案例，如招商局集团使用了弹性负载均衡、云备份、弹性云主机等产品，中国铁塔使用了专属云，国家天文台FAST超算中心使用了物理机、GPU云主机等产品，雄安新区使用了弹性云主机、对象存储、云专线CDA产品，上证所使用了弹性云主机、静态加速、Anti-DDoS流量清洗和云间高速等产品。

5. 百度智能云

百度智能云于2015年正式对外开放运营，以"云智一体"为核心在各个行业和领域开展服务，为企业和开发者提供全球领先的人工智能、大数据和云计算服务及易用的开发工具。2021年IDC发布的《中国AI云服务市场2020年度研究报告》中指出，在中国AI公有云服务市场，百度智能云市场份额连续四年排名第一。百度智能云提供了 AI、计算与网络、存储和 CDN、网站服务、智能视频和智能大数据等产品，在浦发银行、国家电网、知乎、央视网和国家电网等有诸多案例。

6. 亚马逊 AWS

亚马逊 AWS 是亚马逊公司旗下云计算服务平台，能够为全球客户提供一整套基础设施和云解决方案，包括两种形式的平台服务。亚马逊云科技连续 11 年被高德纳(Gartner)咨询公司评为"全球云计算领导者"，它提供了云计算、云存储和云数据库等基础设施技术，在机器学习、人工智能、数据湖和数据分析以及物联网等新兴技术上也提供了丰富完整的服务及功能。当前，已经有超过 7500 个政务机构开始使用 AWS。

7. 微软 Azure

微软 Azure 是基于云计算的操作系统，能够为开发者提供一个平台，帮助开发可运行在云服务器、数据中心、Web 和 PC 上的应用程序。Azure 服务平台包括 Microsoft Azure、Microsoft SQL 数据库服务、Microsoft .Net 服务，以及用于分享、存储和同步文件的 Live 服务。微软 Azure 的产品和服务包括计算、容器、数据库、物联网、AI+机器学习、分析等。

8. IBM 云计算

IBM 云计算提供了开放、安全的企业公有云，是下一代混合多云平台，具有先进的数据和 AI 功能以及 20 个行业的企业专业知识。IBM 全栈云平台提供了 170 多种产品和服务，包括数据、计算、容器、数据库、物联网、网络、安全、区块链、AI 和机器学习等。

5.3　云计算体系结构

云计算的体系结构由五部分组成，分别为应用层、平台层、资源层、用户访问层和管理层。云计算的本质是通过网络提供服务，所以其体系机构以服务为核心。云计算的目的是提供软件服务，设计和实施软件服务是关键，面向服务架构(SOA)是设计和实施云服务的最有效的方法。

SOA 是一种高层的架构模型，也是一种软件设计方法，它将一个企业或者行业的所有业务操作分为多个服务。随着业务需求的改变，这些服务能够被重新组合，然后应用到各种业务流程中。

Web 服务是在 Web 上按照某个规则来访问的软件服务。很多云服务都是 Web 服务。Web 服务是包括 XML、SOAP、WSDL 和 UDDI 在内的技术的集合。实现 Web 服务的方法很多，比如，使用 J2EE 中的 JAX-WS 和 JAXB 等技术来实现。

Web 服务的互操作性等技术特征都是 SOA 系统所要求的。因此，现在很多系统设计人员和开发人员简单地把 SOA 和 Web 服务技术等同起来。从本质上说，SOA 不是任何诸如 Web 服务这样的特定技术的集合，而是完全独立于它们的体系结构，Web 服务只是实现 SOA 的具体方式之一。除用 Web 服务外，还可以使用 CORBA 等其他方式来实现 SOA 服务。

5.4　云计算的服务模式和架构

尽管面向服务的架构提倡"一切皆服务(Everything as a Service)"，但考虑到云计算平台必须有一定的标准将运营模式规范化，美国国家标准与技术研究院在云计算的定义中明确了三种服务模式，这也被大多数云计算平台运营商采纳。这三种服务模式分别为基础设施即服务(Infrastructure as a Service，IaaS)、平台即服务(Platform as a Service，PaaS)和软件即服务(Software as a Service，SaaS)。

IaaS 是指在线提供上层的 API 服务来隐藏底层网络基础架构的各种细节，例如物理计算资源、地址、数据分区、扩展架构、安全措施、备份等。IaaS 通常将物理计算机或者虚拟机封装成服务供用户使用。用户相当于直接对裸机或者计算机中的硬盘进行操作，可以直接使用其中的计算和存储资源，也可以在其中安装操作系统或者软件。IaaS 通常根据实际租用的节点数量来计费。IBM 的蓝云和 Sun 的云基础设施平台就是 IaaS 云计算的典范。

美国国家标准与技术研究院对 PaaS 的定义为：PaaS 提供给用户的权限包括平台所支持的编程语言、编程库、相关服务和开发工具。用户不能管理或控制云计算架构底层的基础设备，如网络、服务器、操作系统或存储设备，但可以对系统允许用户控制的应用程序进行部署或控制，也能够对该应用程序相关的环境变量进行控制。根据定义，用户在使用 PaaS 时，不必过多考虑节点与节点之间的配合问题，资源的容错和动态管理都由 PaaS 的底层负责。当然，用户也必须在使用时遵循 PaaS 所提供的编程规则，在特定的环境中编程。例如，Google 的 App Engine 就只允许使用 Python、Java、Go 和 PHP 语言。

SaaS 的定义为：用户能够通过瘦客户端(Web 浏览器等)接口或客户端设备的程序接口访问并使用供应商在云计算架构上运行的应用程序，但用户无法对云计算架构的底层设备或服务进行管理或控制。SaaS 比 IaaS 与 PaaS 专用性更强，它只将某些特定的应用程序或应用程序的某些功能封装成服务提供给用户，具有很强的针对性。用户一般从 Web 网页访问应用，这就将用户对计算程序的本地访问转化成了在线软件服务访问。这种访问方式下用户无法对应用程序的运行环境进行控制。在线 Office、Gmail、YouTube、Google Wave 等都可以划为这一类。

对于目前主流的云计算供应商来说，三种服务模式都有其特定的应用价值。因此，目前大型的云计算供应商往往将三种服务模式融合在同一架构中，根据具体需求提供给用户不同级别的服务模式。主流厂商的云计算架构差别不大，一套较为完整的大型云计算的大致架构如图 5-1 所示。

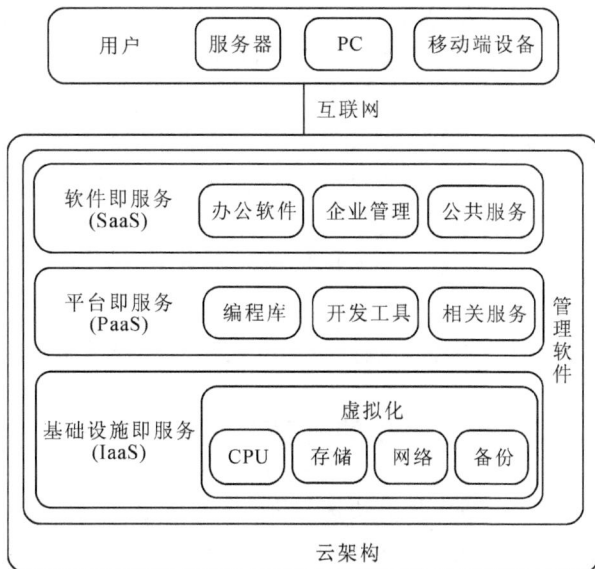

图 5-1 主流的大型云计算架构

图 5-1 所示的云计算架构可以提供从 SaaS 到 IaaS 各层级的服务。根据不同用户的需要，供应商给用户提供不同的权限，用户因此可以访问不同层级的内容，当然不同层级用户所需的资费也是不同的。所有的设备由供应商统一管理调度，这就能够根据具体需求来分配资源，达到设备的最大化利用。

5.5　云计算的发展与应用

云计算技术虽然是一项新兴技术，但由于其架构的优越性和相对低廉的成本，迅速在全球范围内推广。许多大型公司和高校也在致力于研究和发展这项技术。近几年，云计算的架构出现了许多不同的新概念和新形式，包括私有云、公有云、混合云和行业云。

(1) 私有云：专门为某个单位或组织运营的云计算架构，管理方式可以是自己内部管理也可以是第三方托管，这是以所有权关系定义的云计算架构名称。

(2) 公有云：这个概念与私有云相对应，事实上，从架构上来说，私有云和公有云的架构模式可以是相似的，只是服务的对象不同。正是因为这种差别，公有云在提供服务的形式和安全性上与私有云可能有较大差别。

(3) 混合云：是两个或多个云的组合，每个云可以是私有的也可以是公有的。它允许通过聚合、集成或定制其他云服务来扩展云服务的容量或功能。

(4) 行业云：由某个行业或者某个区域内起主导作用或者掌握关键资源的组织建立和维护，采用公开或者半公开的方式向行业内部、相关组织和公众提供有偿或者无偿服务。

目前，云计算已经深入人们生产生活的方方面面。从大型企业到私人家庭，云计算架构无处不在。例如，可以将云计算架构引入大型企业的数据中心，将传统的数据访问架构转化为私有云，员工在使用时，管理员就可以根据需求制定服务来让用户访问，极大地方便了企业管理；又比如如今许多人在办公时，都会通过云将数据与其他常用位置的计算机随时同步，这样既方便了多地办公人员，又提高了数据的安全性。

未来，云计算可能会向公共计算网发展，这可能会是一种新的协同计算形式。虚拟机的互操作、资源的统一调度都要求更加开放的标准。同时，由于云计算在大数据处理方面的优势，云计算也有可能与一些传统的计算模式融合，产生一些新的应用模式。

5.6　云计算和大数据的关系

云计算推动大数据技术得以实现并快速发展，大数据是高速跑车，云计算是高速公路，两者相辅相成。大数据分析处理流程中所使用的多个关键技术都依赖于云计算，其中包括分布式存储、非关系型数据库、并行处理技术等。

大数据存储需要满足海量存储、安全存储和快速读取的要求，应用较广的大数据存储技术主要有谷歌文件系统(GFS)和 Hadoop 分布式文件系统(HDFS)，其中 HDFS 是基于 GFS 的开源实现。GFS 是一个可扩展的分布式文件系统，是谷歌为存储海量搜索数据而专门设计的，支持大型的、分布式、对大量数据进行的访问，可以给大量的用户提供总体性能较高的服务。HDFS 是 Hadoop 核心项目中的分布式文件系统，与 GFS 具有同样的设计理念。HDFS 部署在低廉的硬件上，具有高容错性，能够提供高吞吐量，适合对超大数据集进行处理。

非关系型数据库包括 BigTable、HBase、Dynamo 等。BigTable 是谷歌设计的基于 GFS 系统、用于处理海量数据的非关系型数据库。它具有适用性广、可扩展、高性能和高可用性的特点，能够可靠处理 TB 级别的数据，并能在上千台机器的集群上进行部署。HBase 是 Hadoop 项目的开源子项目，基于 Hadoop 文件存储架构的 HDFS 提供了类似 BigTable 的非结构化数据库功能。Dynamo 是亚马逊的非结构化数据库平台，具有较好的可用性和扩展性，99.9%的读写访问响应时间都在 300 ms 内。

第六章　智慧城市核心技术之 5G

现在，从社交到娱乐，甚至是生产，消费者比以往任何时候都更加依赖网络连接设备来生活。5G 是第五代移动网络标准，它提供了高速度、低延迟、卓越可靠性和更大的网络容量。与 4G LTE 相比，5G 的速度快 20 倍，可支持 250 倍以上的连接设备。5G 提供的更高性能和更高效率使几乎每个行业都有了各种新的应用和产品。

6.1　电信网络发展历史

第一部手机原型于 1973 年开发。1979 年，日本 Nippon 公司推出了被称为 1G 的第一代蜂窝网络标准。这项技术的前提是使用不同频率的无线电波在设备之间传递信息。然而，直到 1983 年，当摩托罗拉发布 DynaTAC(因体积庞大而常被称为"砖头"手机)时，1G 才商业化。这些早期设备使用模拟无线电波，覆盖范围小，可靠性和安全性都较差。

1991 年，2G 标准发布，它改用数字无线电波，提高了安全性，扩大了覆盖范围。2G 提供了更好的语音通话质量，通过 BIT 共享数字信息，使文本、短信和下载铃声成为可能。全球移动通信系统(GSM)是 2G 的数字标准，支持短消息服务(SMS)和彩信服务(MMS)等数据服务。时分多址(TDMA)和码分多址(CDMA)是 2G 常用的两种技术。TDMA 将信号分成时隙，并为每个用户分配由 CDMA 生成的唯一代码。2G 的更高版本，即 GSM 演进的增强数据速率(EDGE)，理论上能够实现高达 1 Mb/s 的数据传输速度。2.5G 系统通常使用 2G 系统框架，但它采用分组交换和电路交换，可以支持高达 144 kb/s 的数据速率。主要的 2.5G 技术是 GPRS、GSM 演进增强数据速率和码分多址 CDMA2000。

2001 年，日本 NTT DoCoMo 公司发布了 3G 标准，为电子邮件、视频播放、视频会议和实时视频聊天提供了更好的数据流，这也是智能手机普及的原因。ITU 将 3G 需求定义为国际移动电话 2000(IMT-2000)项目的一部分，因为它允许全球漫游，因此也被称为通用移动通信系统(UMTS)。2G 和 3G 的主要区别在于，3G 使用分组交换而不是电路交换，由此允许访问互联网应用程序和基本的多媒体流。

2009 年，4G 标准发布，带来了高质量的视频流、视频聊天、快速移动网络访问、高清视频和在线游戏。4G 标准使用了与前代标准不同的底层标准，移动设备需要特殊的硬件才能使用新标准。4G 标准的实施是通过长期演进 LTE 实现的，LTE 是电信公司对现有 3G 网络基础设施进行的增量改进，以实现 4G 性能。

2014 年，谷歌收购了智能家居产品开发商 Nest，这意味着谷歌将向物联网领域进行重大转变。被收购以后，Nest 销售了数百万台物联网设备，这些设备主要由家庭 Wi-Fi 提供网络。然而，对于家庭以外的物联网设备，是需要蜂窝网络来支持的，现有的 4G 蜂窝网络无法可靠地处理这一数量的数据。因此，2019 年制定了 5G 标准，它使用更高频率的无线电波，速度更快，覆盖范围更广。与 4G 类似，支持 5G 的设备需要特殊的硬件来使用 5G 功能。

5G 的核心技术是利用无线电波频谱的更高频率区域，提供更快的速度和更低的延迟。该区域有三个部分：低频段、中频段和高频段。低频段的性能与当前的 4G 相当，将提供 5G 的覆盖范围。中频段比当前技术更快，将主要面向地铁区域。高频段速度极快，是 5G 中最有前途的组件，它可以部署在人口密集的城市地区。虽然 5G 的更高频段可提供更快的速度，但它们覆盖的区域也更小。在高频段的极端，平均范围是两个街区，建筑物等基本障碍物会显著降低可靠性。因此，它要求小区或区域的信号塔离得更近，这使得在开阔的地理区域内实施的成本相当高。目前，快速高频段 5G 仅适用于人口密度高的地区，如大型体育场、室内音乐会场馆和大型会议中心等。5G 网络的主要受众是物联网设备，它们现在可以可靠、无缝地相互通信。

表 6-1 给出了 5 种电信通信网络标准在平均下载速度、平均延时、每平方千米最大设备连接数以及主要用途上的比较。

表 6-1　不同通信网络标准的比较

性能指标	网　络　类　型				
	1G	2G	3G	4G	5G
平均下载速度	24 kb/s	64 kb/s	2 Mb/s	25 Mb/s	300 Mb/s
平均延时/ms	>1000	500	250	25	<10
每平方千米最大设备连接数/个	>20	25	250	1000	10 000
主要用途	语音	短信、文本	电邮、网页	高清视频	物联网

6.2　5G 简介

5G 通过引入全新的网络架构，实现广泛的应用场景。与 4G 相比，5G 的数据速率和连接的设备数量提高了 10～100 倍。此外，5G 将提供近 100%的可用性和地理覆盖，并提高安全性和隐私性。5G 设备消耗的能量是 4G 设备的 1/10,同时将设备的电池寿命延长了 10 倍。5G 技术实施重点关注新的无线接入、大规模多输入多输出(MIMO)、异构超密度、信道编码和解码以及毫米波(mmWave)等关键技术。预计到 2035 年,5G 将为所有行业提供 12.3 万亿美元的商品和服务,并将支持多达 2200 万个 5G 价值链中的工作岗位。5G 将作为通信网络,支持智慧城市各种垂直行业所需的物联网基础设施,并支持不同垂直行业(包括能源、医疗、制造、媒体和娱乐、汽车和公共交通等)的不同需求。

6.3 5G 相关技术

1. 毫米波通信

为了实现 1000 倍的速度提升,第一步是使用毫米波(波长为毫米量级)频谱(3~300 GHz 范围)作为载波频率,以及将偶然流量转移到未授权频谱(5 GHz Wi-Fi)上。目前,蜂窝授权运营商的频谱范围为 750~2600 MHz,因此 5G 使用了利用率最低的毫米波频谱物理层。除此之外,大规模 MIMO、波束形成、流量转移到未经许可的频谱等将进一步为人们提供更快的数据传输。

2. 体系结构

5G 拥有连接良好的核心网和无线接入网(RAN)。主干网络能从光纤连接转移到毫米波无线连接,互连基站必须使用高带宽有线连接。随着连接设备数量的增加,一个典型的宏单元可能会承受沉重的控制开销,以维持与大量设备的连接(每个单元约 10k)。因此,体系结构不能过于复杂,并且必须进行改进以适应不断增加的信令和有效负载开销。

借助二维贴片天线阵列可实现三维波束。从二维贴片天线阵列发射的高方向性无线电传输信号束在三维空间中形成,有助于实现空分多址。在用户设备中,人们安装了由二维 $N \times M$ 数量的贴片天线组成的贴片天线阵列。不同波束之间的快速切换能力使得无线接入技术强健、安全且高度可靠。此外,为了克服 mmWave-RAN 的有限覆盖范围,5G 使用了"中继"传输,切换过程可以不再由核心节点控制,而是由基站控制。在 4G LTE 中,由基站或 eNB 完成资源分配的工作。5G 具有此类最佳分布式资源分配算法,以防止无法进行波束形成的基于宏小区的操作。此外,网络虚拟化将在 RAN 和核心网中发挥关键作用,以应对庞大的数据量和实现灵活的服务容量。

3. D2D 通信技术

为了增加手机容量并提供各种近距离服务,手机系统中的设备对设备(D2D)连接至关重要。D2D 通信技术是指两个对等设备之间的直接通信，每个用户都能发送和接收信号，并具有自动路由功能，而无需通过网络基础设施。3GPP 在其第 12 版中对 LTE-Direct(LTE-D) 进行了标准化。LTE-D 是一个新概念，它能够使用许可频谱以节能和安全的方式在 500 米附近发现始终开启的设备。尽管像 Wi-Fi Direct 或蓝牙这样的技术主要使用点对点(P2P)近距离通信协议，但它们在能耗方面存在缺点，因此 LTE-D 是标准化的。以类似的方式，5G 需要毫米波中的 D2D 通信。

D2D 通信系统可以通过可视化两级 5G 蜂窝网络来解释，并将其命名为宏小区级和设备级。宏小区级包括基站到设备的通信，如同在传统蜂窝系统中一样。设备级包括设备到设备的通信。如果一个设备通过基站连接蜂窝网络，那么它将在宏小区级别上运行；如果一个设备直接连接到另一个设备，或者通过其他设备的支持捕获其传输，那么它将在设备级别上运行。在设备级通信中，基站或者对源、目的地和中继设备之间的资源分配具有完全或部分控制，或者不具有任何控制。目前主要有四种类型的设备级通信，包括基站控制链路的设备中继、基站控制链路的直接设备到设备通信、终端控制链路的设备中继、终端控制链路的直接设备间通信。

4. 大规模 MIMO 技术

大规模 MIMO 是 5G 中提高系统容量和频谱利用率的关键技术。大规模 MIMO 的基站天线数目庞大，用户终端只需采用单天线接收，是当前移动通信系统的一种平滑过渡方式，无需大量更新用户的终端设备，可以通过对基站的改造来提高系统的频谱利用率。大规模 MIMO 的目标是实现具有大量收发流以及其他网络容量提升技术和方法的基站，从而提高峰值下行链路吞吐量，大幅改善上行链路性能以及增强覆盖能力，在人口密集的城市环境中有很好的体验。除了显著提升系统容量，大规模 MIMO 还包括频谱效率高、能耗低、用户设备电池寿命长、实现复杂度低等其他优点。尽管大规模 MIMO 在低移动性、无移动性应用中能够显著改善频谱利用率，但是其在高移动性条件下，性能改善不太有效，主要原因在于高移动性用户设备的信道相干性及导频可用性较低，降低了其内部大规模 MIMO 系统的复用增益。

5. 干扰管理

为了有效利用有限的资源，重用是许多蜂窝无线通信系统规范所使用的概念之一。除此之外，为了提高流量和用户吞吐量，网络的密度是一个关键指标。因此，随着重用和密度概念的引入，宏小区和本地接入网络之间的有效负载共享将得到进一步增强。但是，所有这些优点都带来了一个问题，即网络的密度和负载将显著增加，而且，网络中的接收终端将遭受更多的同信道干扰(主要是在小区边界处)。因此，同信道干扰构成了一种威胁，阻碍了蜂窝系统的进一步改进。这样，有效的干扰管理方案就显得至关重要。

6. 频谱共享

为了达到未来移动宽带系统的性能目标，需要比当前可用频谱多得多的频谱和更宽的带宽来实现性能。因此，为了克服这一困难，5G 技术将在水平或垂直频谱共享系统下提供频谱。频谱共享的重要性可能会增加，预计专用许可频谱接入仍将是移动宽带的基线方法，可为蜂窝移动宽带系统提供可靠性和投资确定性。目前，主要有两种频谱共享技术使移动宽带系统能够共享频谱，分别为分布式解决方案和集中式解决方案。在分布式解决方案中，系统在平等的基础上相互协调；而在集中式解决方案中，每个系统与中央单元离散协调，系统之间不直接交互。

7. 超密集网络

为了满足由于用户数量增加而不断增长的流量需求，基础设施的加密将是 5G 通信的首要任务。对于实现超密集网络的需求，异构网络将发挥重要作用。随着移动网络和 Adhoc 社交网络的引入，异构网络变得更加动态。密集和动态的异构网络将在干扰、移动性和回程方面带来新的挑战，为了克服这些挑战，需要设计新的网络层功能，以最大化现有物理层设计之外的性能。在诸如 LTE 等现有网络中，存在增强的小区间干扰协调和自主分量载波选择等干扰缓解技术。但这些技术仅适用于移动和密集的小单元，灵活性有限。因此，对于 5G 网络，由于预计流量和部署的变化比现有网络更快，干扰缓解技术应更灵活。

8. 波束成形

大规模 MIMO 技术大幅增加了 5G 的容量，但是多天线会带来干扰问题。波束成形正是解决这个问题的关键技术。通过有效地控制天线阵列，将波源发射/接收的波之间的相对位置和幅度都集中到一个方向，其他方向的电磁波辐射/接收增益都很小，发射的电磁波在空间上可以互相抵消或者增强，从而可以形成一个很窄的波束，这样能够使得有限的能量在特定方向上进行传输。这不仅可以增加传输距离，也可避免信号干扰。波束成形与毫米波技术的结合，可以给信号传输带来更大的带宽，也能解决频谱利用问题，并能支持大量用户同时通信。

9. 全双工无线电

对于长时间的通信周期，在无线系统设计中假设无线电必须在半双工模式下工作，这意味着它不会在同一信道上同时发送和接收。现有的无线发射装置基本都是半双工的。许多学者和研究人员试图通过构建全双工无线电来解决这个问题。全双工无线电就是要实现同一设备可以同时收发信号，发射机和接收机占用相同的频率资源进行工作，通信的两端同时在上、下行使用相同的频率，数据传输速率可以加倍，它使用相同宽度的独立信道来授权无线电以实现全双工。但是对于全双工模式下的通信，必须完全消除其自身传输到接收信号的自干扰，特别是当用户过多时，用户之间的干扰也会加倍。5G 核心网的设计以

C-RAN 为主，可以通过中心化调度来减轻自干扰，同时利用方向性天线、波束赋形、吸收屏蔽和交叉极化完成收发双方之间的独立。

6.4　5G 与其他技术的联系

1. 5G 与人工智能

随着一座城市用智能技术升级其生产、生活方式和城市管理，新一代人工智能技术、产品、服务和解决方案应运而生。5G 技术满足了无人驾驶、智慧电网和智慧城市等领域对并发接入众多智能设备的需求，实现了设备交互的毫秒级响应，促进了各种人工智能技术的运用。5G 技术与人工智能的结合，使得人工智能更加高效；人工智能的应用实践也促进了 5G 技术的进步和发展。两者的充分结合，可以更大限度地发挥各自的价值。

2. 5G 与物联网

随着智慧城市发展的深入，除计算机、智能手机等通用设备外，各种各样的智能终端正在大规模部署，包括智能机器人、智能电表、智能井盖和智能工业模块。作为新一代网络基础设施和万物智能的基石，5G 及其实现的广泛连通性将促进智能终端的部署，实现人与物之间无处不在的连接。通过感知设备和连接物，数据和信息将被捕获，形成城市庞大的外围神经系统，为数字孪生提供坚实的支撑，帮助城市管理者获得及时准确的信息。

3. 5G 与大数据

数据代表着未来的战略资源，部署在城市各地的智能终端传感器能够产生大量数据。5G 具有高带宽和海量连接特点，推动了大数据分析的全过程，包括数据采集、数据融合、数据建模和数据挖掘，从海量城市数据中提取价值，为城市管理者提供有效、及时的城市管理和决策支持。

4. 5G 与云计算

云计算提供了灵活的计算和基于使用的收费模式，允许在云上最大程度地协调和共享信息和资源。有了云计算技术，物理上分散的计算能力可以以尽可能低的成本集成并用于数据存储和处理，还能获得尽可能高的回报。凭借 5G 的高带宽，更多数据可以存储在云上，由于延迟低，所以数据上传所需时间更少。凭借 5G 增强的负载能力，更多的物联网设备可以连接到云。这种云边缘协作将提高业务运营的效率。

5. 5G 与区块链

5G 连接带来了大量的端到端信息交换，特别是在对安全性提出更高要求的大规模业务应用程序中更为常见。5G 与支撑区块链的分布式账本技术的集成可应用于信息认证、定位和识别管理以及频谱共享等领域，将改变未来网络的商业模式和架构，推动信息网络向价值网络的转型，提取网络和信息资产中的价值。

6.5　5G 在智慧城市中的应用

1. 智慧交通

交通基础设施是改善智慧城市的一个极具潜力的领域。随着城市人口的不断增长，道路拥堵成为日益严重的问题，每年给城市造成极大的浪费和污染，也导致了事故的增多，进而加剧拥挤。5G 技术除了能提供车辆之间的相互通信之外，还提供了车辆与基础设施通信的可能，安装在路灯和路障中的摄像头和传感器可以记录交通流信息，并将其整合到中央处理中心，使其更有效地管理堵塞和优化交通。这些监测设备还可以更好地跟踪公共交通需求的变化，收集必要的数据，以便更好地规划高峰和非高峰时段公共交通的部署时间和数量。通过 5G 技术来大规模跟踪特定车辆，以记录特定的通勤模式，并对道路空间需求和最佳通行计划作出更准确的预测。此外，通过安装在路灯和路边栏杆上的摄像头和传感器对道路进行密切监测，将提供关于道路质量和需要维修区域的宝贵数据。

2. 智慧能源

智慧城市技术的另一个重要用途是能源管理。通过 5G 连接的设备可以提供近乎即时的、特定位置的能耗数据，可以准确记录每个区域不同服务使用的能源量。智能电表和其他先进的计量设备可以准确地获知个人用电情况，提供必要的数据，以帮助管理家庭能源消耗并鼓励错峰使用能源。实时的能源消耗报告还将提供有效预测电涌和快速检测停电所需的数据，从而实现更好的服务和更快的维修。这种关键基础设施的预测性维护将成为最赚钱的人工智能应用之一。

3. 智慧水务

基于 5G 技术的智慧水务建设包括智能抄表、智慧管网、水质监测等方面。相比传统水务，智慧水务简化了多数需要人工处理的流程，通过"无人值守、自动运行、远程管理、智能巡查"的建设思路，结合大数据、GIS、云计算等技术，水务公司可以实现对水压、水量和水质的实时感知，通过供水数据建模分析、管网空间分析、水动力模型，准确、及时地获知居民用水情况、提供用水异常预警、快速完成用水故障维修等工作，能有效解决水务公司高成本、高能耗等问题。智慧水务能够以更加精细和实时的方式管理水务系统的整个服务流程，给出辅助决策和建议，保证可靠供水，提升运营管控能力。

4. 智慧电网

智能电网的主要业务场景包括分布式能源管理、自动化基础设施检查和配电网实时动态数据的在线监测。据估计，到 2026 年，每年全球将有价值 130 亿欧元的机器人用于电网监控。使用传感器和物联网设备，5G可以实现整个电网的精确监控。利用5G实现的远程监控可以通过管理警报以及在某些情况下通过设备控制帮助降低整个电网故障设备的运行成本。数字孪生是一种虚拟表示，用作物理资产的实时数字对应物，并随着真实世界的传感器输入不断更新。它能够利用实时数据进行学习、推理和动态重新校准，以更好地作出决策。支持5G的数字孪生技术将使电网运营商能够可视化数据并监控电网系统，以便进行维护和规划。

5. 智慧医疗

医疗资源总量不足、分布不均衡、跨区域就诊难等是当前医疗服务体系的突出问题。得益于5G、物联网等技术的不断发展，这些就医问题逐渐有了新的解决方案。远程会诊、远程手术指导、远程急救、健康管理、远程超声、远程示教、智慧院区等是智慧医疗的典型场景。借助5G通信技术，医疗资源不发达地区的医生可以与拥有优质资源的医院医生进行实时视频，实现远程病理诊断、远程医学影像会诊等智慧医疗服务，使得优质医疗资源可以快速共享。在远程急救方面，普通急救车增配具有数字化和支持5G网络传输功能的心电图机、监护仪、呼吸机、超声仪、血气分析仪等检测设备后，急救车现场的生命体征数据、检验数据等即可实时传到远程急诊中心，医生也可以通过高清视频观察患者来判断病情发展，医生在患者到达医院前就可以给出急救支持、诊断报告和诊疗方案。借助具有网络通信功能的智能可穿戴设备，医院可以实时采集患者的各项数据，监测患者身体状况，及时为患者制定适合的诊疗服务。

6. 沉浸式多媒体

5G将支持新的媒体交互，如增强现实(AR)和虚拟现实(VR)内容和应用程序，以及通过5G交付的云游戏。AR、VR和云游戏并不是新概念，但5G有潜力将它们带给更广泛的受众。要充分实现这一市场潜力，需要创建三维立体内容和管理这类内容的生态系统。AR将为人们通过虚拟物品、虚拟角色和增强的上下文信息与媒体建立联系创造一种新的方式。在AR和VR的应用方面，5G能够实现1400亿元的创收。当与先进的VR功能相结合时，5G可以支持高度灵敏的触觉套装，为媒体消费带来新的感觉维度，如触摸和感觉。云游戏是5G驱动创新的前沿，AR游戏将占5G AR销售额的90%以上。

7. 智能制造

智能制造是集成了信息自动感知获取、智能决策判断、自动执行等功能的先进制造过程，是新一代信息技术和先进制造技术融合的新制造模式。5G技术特点契合了智能制造在速率、时延、可靠性、连接数等方面的需求，能够满足智能制造在各个环节多种场景的需求，如设备互联、远程操控、质量控制、安全监控、柔性生产、辅助装配、远程运维、仓储管理和物流供应等。

　　以远程运维为例，传统的车间运维使负责维护的工程师疲于奔波，对运维需求的响应往往滞后。在智能制造模式下，5G 网络可以将工厂内大量的生产设备和关键部件进行互联，通过压力、振动、转速等传感器实时采集数据并上传到云端，利用大数据分析技术进行设备状态的实时监控与分析，结合机器学习模型、设备机理模型给出预测性维护与维修的建议，提高设备使用率和使用寿命。

　　在质量控制的应用场景中，传统的质检手段往往依赖人工检测，检测效率和检测精度都难以满足高质量工业生产的需求。利用 5G 的大带宽、低时延特点，采用机器视觉进行实时、高精度的视觉检测，可以获得全面、可追溯的检测数据，降低检测时间，提高检测质量，进而提升产品质量。

　　AGV 小车是现代物流系统的关键设备，也是制造行业的重要设备，能够大幅提高自动化水平和生产效率。传统 AGV 系统存在部署时间长、工作精度低、避障智能化水平低、信号传输不稳定、网络构建烦琐等困难。5G 能够为 AGV 系统提供高速网络支持，使其具有更高的工作效率，解决传统 AGV 小车系统的问题。在 5G 提供的高可靠、低时延网络支持下，AGV 小车之间具有更强、更稳定的通信能力，可以实现更快、更流畅的自组织与协同工作能力。5G 的大带宽特性可以支持更大规模的 AGV 小车接入 AGV 调度系统，能够实时反馈 AGV 小车运行状态，增强 AGV 小车的协同作用。

第七章　智慧城市核心技术之知识图谱

7.1　知识图谱的定义和架构

1. 知识图谱的相关概念

知识图谱本质上是一种语义网络，被用来揭示事物之间的关系。通过形式化地描述现实事物以及它们之间的相互关系，知识图谱可以反映出一些潜在联系。知识图谱中的信息有多种表示方式，比较常用的是三元组，即 $G = (E, R, S)$，其中 $E = \{e_1, e_2, \cdots, e_{|E|}\}$ 为知识库的实体集合，$|E|$ 表示集合中的不同实体数量；$R = \{r_1, r_2, \cdots, r_{|R|}\}$ 为知识库的关系集合，$|R|$ 表示集合中的不同关系数量。$S \subseteq E \times R \times E$ 表示知识库的三元组集合。知识图谱中的三元组通常也分为两种：(实体 1，关系，实体 2)用于表示实体之间的关系；(概念，属性，属性值)则用于表示实体本身的一些特性。三元组的描述语言多为如 RDFS、OWL 等的本体语言。概念可以包括类别、对象类型和集合，如人物、事物等；属性则是对象具有的特征，如生日、年龄等；属性值则是对应属性具体的值，如 1988-04-03、25 等。

实体是知识图谱最基本的元素，不同实体间存在不同的关系，通常在知识图谱中使用节点表示。实体间的关系通常用知识图谱中节点间的有向边表示。本体可以看作是实体的抽象表达，侧重进行概括性、抽象性的描述，是知识图谱的概念模型和逻辑基础。

2. 知识图谱架构

知识图谱架构包括逻辑结构和体系架构。逻辑结构通常分为数据层和模式层；体系架构则指的是构建知识图谱的模式结构。这里主要介绍知识图谱的逻辑结构。

数据层和模式层是知识图谱在逻辑结构上的两个层次。数据层由一系列事实组成，知识的存储以事实为单位。通过三元组描述的事实，通常以图数据库如 Neo4j、GraphDB 等为存储介质，并构成巨大网络。模式层则是构建在数据层之上，利用本体库，规范数据层的事实表达。本体库中的本体可以为结构化知识库的构建提供概念模板，使知识库的冗余程度减小，层次结构增强。

7.2　知识图谱关键技术

知识图谱的构建过程涉及多方面的技术，如知识抽取、知识表示、知识融合、知识推理等。知识图谱中的知识一般包括实体、关系和属性三种类型。这些知识要素一般可以在半结构化或非结构化的数据中获取，这需要依赖知识抽取技术。之后需要对知识进行合理表示，这也是构建知识库、推理、融合、应用的基础。知识融合技术则解决了由于知识来源广泛而造成的知识重复、质量参差的问题。利用知识推理技术，可以进一步挖掘知识，起到丰富和扩展知识库的作用。

7.2.1　知识抽取

根据抽取的知识单元不同可以将知识抽取分为三种类型，分别是实体抽取、关系抽取和属性抽取。上层高质量的事实表达就是以这三种类型的知识抽取的结果为基础的。

1. 实体抽取

实体抽取是指从数据中识别出实体的过程，是知识抽取中最基础且最关键的步骤。作为知识图谱中最基本的元素，实体的质量会对知识图谱的质量造成非常大的影响。因此，知识图谱的质量直接受到实体抽取的完整性、召回率和准确率的影响。实体抽取在非结构化数据中定位命名实体并将其归类到预定义好的分类中，如人名、组织、地点、时间等。通常实体抽取任务可以结构化地定义在一段未被标识的文本中，用标识块表示实体的名称。例如，"马云在 1999 年创立了阿里巴巴"在进行实体抽取后为"[马云]$_{person}$ 在[1999 年]$_{time}$ 创立了[阿里巴巴]$_{organization}$"。

目前常用的实体抽取方法可以分为基于规则的实体抽取方法、基于统计机器学习的实体抽取方法和基于深度学习的实体抽取方法。

在知识图谱技术发展的早期阶段，比较常用的实体抽取方法是基于规则的实体抽取方法。这是由于最初的实体抽取是在限定语义单元类型、限定文本领域等条件下进行的。需要依靠大量专家编写规则和模板，然后在原始数据中进行匹配。由于其中人工工作量较大，且不同的领域都需要定义不同的规则和模板，因此这种方法很难适应数据的变化。

随着机器学习的发展，学者们开始使用监督学习辅助实体抽取。基于统计的实体抽取方法将实体抽取任务转化为序列标注问题，某一预测标注还需要同时考虑当前的序列标签和之前的预测标注结果，加强了预测标注之间的依赖关系。最大熵算法、条件随机场、支持向量机和隐马尔可夫模型等都是常用的方法。

近年来，由于计算能力的提升，深度学习发展迅速。随着神经网络层数增多，相比于统计机器学习，深度学习可以更好地解决复杂的非线性问题，也因此能够学到更为复杂的特征。这也进一步促进了基于深度学习的实体抽取方法的发展。

2. 关系抽取

关系抽取任务是在一段文本中抽取两个实体的语义关系，并将这种关系归类。通常我们可以将关系抽取方法分为基于规则的关系抽取、基于监督学习的关系抽取和基于半监督学习的关系抽取。

首先定义关系词，之后定义关系词所属关系类型的句法结构，这种方式被称为基于规则的关系抽取。在实体抽取的基础上，对这些人工定义的关系模板进行正则匹配，找到实体间的关系。例如，包含关系中的关系词有"包括""构成""组成""部分"等，基于这些关系词可以定义出包含关系的模板"A 包括 B""A 由 B 构成""A 是 B 组成的""B 是 A 的部分"等。基于规则的关系抽取方法可以为特定领域定制规则，构建比较简单。但每条关系都需要由专家定义模式，耗费时间精力且难以维护，可移植性较差。

关系抽取实际上可以视为一个多分类任务，每一种关系属于一种类别。因此关系抽取任务就可以转化为通过学习标签数据，训练出一个分类器。分类器可以使用感知器(Perceptron)、投票感知器(Voted Perceptron)或是支持向量机等方法。通过对标记句子进行文本分析，如 POS 标记或依存分析等，可以得到特征集合。分类器可以根据这些特征集合进行训练。根据使用的监督学习方法不同，又可以进一步分为基于特征的方法和核方法。由于监督学习依赖于标记数据，因此不易拓展新的实体-关系类型；同时标记数据的人工成本较高，数据集的大小和质量也会影响关系抽取的效果。

基于半监督学习的关系抽取是通过少量的标注信息完成分类任务，其核心思想是使用弱学习器的输出作为下一次迭代的训练数据。两大主流的基于半监督学习的方法是基于种子的启发式算法和远程监督方法。基于种子的启发式算法首先选择一组实体-关系作为种子，再以此为实例在语料库中找到所有相关的句子。对这些相关的句子进行上下文分析后，归纳出模式，并用该模式发现更多的实例。新的实例又可以用于发现新的模式，不断迭代得到大量的模式。虽然这种方法构建成本较低，且有利于发现隐含的关系，但是其对于初始种子的选择非常敏感，结果的准确率也相对较低。远程监督学习基于以下假设：如果知识库中的两个实体存在某种关系，则包含这两个实体的句子均可用于表示这种关系。因此远程监督学习方法首先找出知识库中存在关系的实体对，再在数据集中找出含有这些实体对的句子作为训练集，这个训练集会被用于获得特征训练分类器。但这一假设并不一定始终成立，实体之间的关系往往不是单一的，当同一对实体包含多种关系时会带来很多错误。

3. 属性抽取

属性抽取任务本质上是关系抽取任务的特例，关系抽取的方法也可以应用到属性抽取中。目前的大规模开放数据集中包含大量的实体属性数据，通常可以从百科网站上抽取可作为属性抽取训练集的结构化数据，然后将训练结果用于开放域属性抽取。

7.2.2　知识表示

知识表示是指将知识抽取阶段抽取到的实体及其相关的语义信息表示为低维稠密向量，可以看作描述事物的一组约定，既可用于知识存储又考虑到知识的应用。知识被表示为低维稠密向量后，实体的关系及属性就可以在低维空间中进行高效计算，对构建知识库、知识融合、知识推理及知识图谱的应用都有非常大的价值。目前知识表示学习的代表模型有距离模型、单层神经网络模型、矩阵分解模型和神经张量模型等。

7.2.3　知识融合

构建一个知识图谱，不可能只使用单一的数据源。由于数据来源不同，很容易造成知识重复、知识结构不一致及知识间关联不明确等问题。因此需要对不同来源的知识进行融合，在同一个框架下规范这些不同来源的知识，提高知识库的质量。通常知识融合可以分为实体对齐、知识加工及知识更新等步骤。

1. 实体对齐

实体对齐需要解决数据的不一致性问题，如异构数据中可能包含的实体冲突或指向不明等问题。数据在进行实体对齐之前首先需要进行预处理，即数据的标准化，对数据进行简单的清洗和格式上的处理。为降低对齐过程中匹配算法的复杂度，通常还要先对对齐数据进行分区索引。之后通过相似度计算方法计算实体关系相似度及属性相似度，找出匹配的实例，对这些实例使用实体对齐算法完成最终的实例融合。从实体对齐的过程可知，实体对齐主要涉及分区索引、实体对齐算法及特征匹配三方面，其中实体对齐算法最为关键。

分区索引技术主要是通过在知识库中建立索引，过滤掉不可能相似的实体对，提高实体对齐的整体效率。索引键的选择是分区索引计数中的一个关键问题，需要考虑属性值质量、属性值的分布及区块数量和大小等三个因素。目前主要有五类分区索引技术：直接按照所选择属性的索引键值构建分区，近邻排序索引或基于滑动窗口的分区索引，基于相似性的分区索引，基于聚类的分区索引，动态索引。

目前实体对齐算法主要分为两类：成对实体对齐和集体实体对齐。成对实体对齐只考虑实体的相似度，并把问题转化成了一个二分类的问题，根据实体属性的相似度对两个实体是否匹配进行预测。集体实体对齐在成对实体对齐的基础上还考虑了实体间的相互关系，又可以继续细分为全局集体实体对齐和局部集体实体对齐。全局实体对齐是目前实体对齐中比较主流的方法，包括基于概率模型的集体实体对齐和相似性传播的集体实体对齐。局部实体对齐则是在计算实体相似性时考虑了待匹配实体对关联实体的属性集合。

基于实体关系及属性相似度计算的特征匹配一般也分为两类：文本相似性函数和结构相似性函数。文本相似性函数主要用于比较属性相似性，常用的有基于 Token 和基于编辑距离的相似性函数；结构相似性函数主要用于实体关系比较，其基本思想是相似节点越多的实体本身越可能相似。

2. 知识加工

通过知识抽取，我们得到了知识图谱中的基本知识要素；通过实体对齐，又进一步消除了实体指称项和实体对象之间的歧义，得到了基本事实表达。但上述过程只是得到了知识的基本单位，知识加工就是在此基础上获得更加结构化的知识体系。知识加工主要包括本体构建和质量评估等方面。

本体是一种抽象的概念框架或概念集合，可以看作知识库的模具。本体可以借助本体编辑软件，以人工编辑的方式进行构建，但工作量极其大。本体也可以通过数据驱动的方式自动构建。通常通过数据驱动方式自动构建本体首先需要计算纵向概念间包含的并联关系的相似度，之后对实体的上下位关系进行抽取，最后生成本体。

通过人工编辑或数据驱动方式构建的本体，需要再通过质量评估和人工审核相结合的方法进行修正和确认。质量评估由于保留了高置信度的知识，因此能够提升知识质量。

3. 知识更新

现实生活中的知识日新月异，过去构建的知识图谱可能无法满足人类的业务需求。知识图谱中的知识也需要不断迭代更新、与时俱进。

知识更新主要包括两个层面上的更新：模式层与数据层。一般来说，模式层的更新包括对概念进行增加、修改或删除，更新概念属性及更新概念间的上下位关系等，即更新本体中的元素。通常模式层的更新需要人工干预，如采用人工的方式定义规则，处理冲突。数据层的更新则指的是更新实体元素，如增加、修改或删除实体，更新实体的基本信息和属性。

7.2.4　知识推理

知识图谱在完成了知识融合之后其雏形已基本形成，但实体与实体之间的关系非常稀疏。这时可以通过知识推理技术，对实体间的隐含关系进行推理，进一步完善知识库。知识推理的对象包括实体、属性、关系以及本体库里概念的层次结构。推理时通常需要关联规则的支撑，主要有基于逻辑的知识推理以及基于图的知识推理两种方法。

基于逻辑的知识推理根据逻辑类型不同又可以分为基于一阶谓词逻辑的推理、基于描述逻辑的推理以及基于规则的推理。基于一阶谓词逻辑的知识推理以命题为基本，命题中的个体则对应实体对象(一个或一类)，谓词则用于描述个体的性质或是个体之间的关系。基于描述逻辑的推理知识库包括了术语集(Terminologybox，Tbox)和断言集(Assertionbox，Abox)。在这两个集合的帮助下，知识库实体关系的推理可以被转化为一个一致性检验的问题。

随机漫步算法和路径排序算法是目前比较典型的基于图的知识推理方法，通过关系路径中所蕴含的信息，使用实体之间的多步路径预测实体之间的语义关系。如果根据随机漫步或路径排序等算法在图上进行游走，可以从源节点到达目标节点，那么就断定它们之间存在联系。

7.3　知识图谱构建

根据构建本体和实体的顺序，知识图谱的构建方式可以分为自底向上的构建方式、自顶向下的构建方式和两者混合的构建方式。构建过程通常包含三个主要步骤：知识抽取、知识融合和知识推理，这三个步骤不断迭代，最终构建出完整的知识图谱。

自底向上的构建方式首先从数据中提取出实体、关系和属性并加到知识库中，然后归纳并组织提取出的知识要素抽象出概念，构建出本体模式用于构建知识图谱的模式层。这些数据根据其结构化程度的不同一般被划分为结构化数据、半结构化数据和非结构化数据。其构建过程如图 7-1 所示。目前许多知识图谱如 KnowledgeVault 都采用这种构建方式。其优点在于更新速度快，可以支持较大的数据量。其缺点在于知识的噪声比较大，因此知识图谱的准确性有所欠缺。

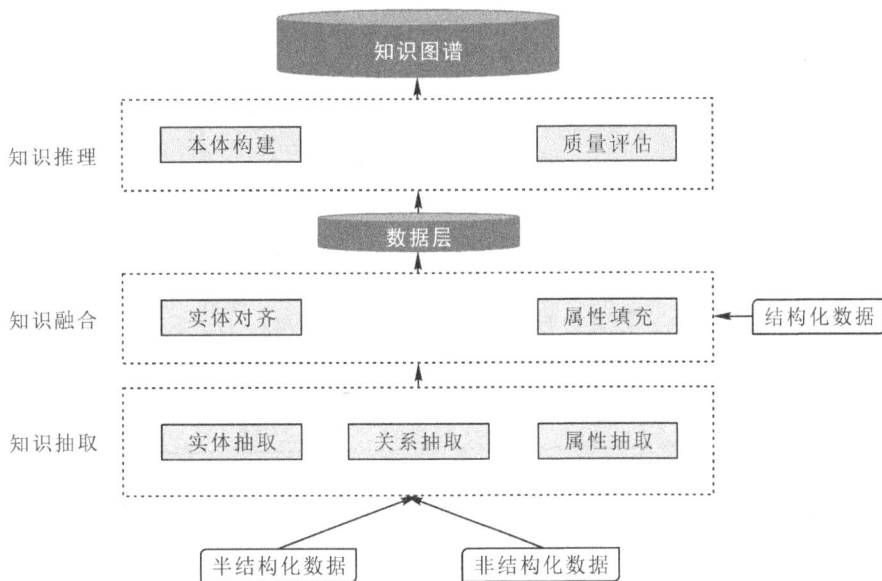

图 7-1　知识图谱自底向上构建过程

与之对应的自顶向下的构建方式如图 7-2 所示。以结构化知识库作为基础，首先构建出模式层，定义好知识图谱的本体和数据模式。再从顶层本体开始，细化这些概念和关系，形成概念层次树并提取出本体。提取出模式层的本体之后，将通过知识抽取的实体填充进去。2007 年公开运营的 Freebase 采用的就是这种自顶向下的构建方式。这种方式可以更好地体现概念间的层次结构，但人工依赖性较强，因此限制了模式层的更新，只适合构建数据量较小的知识图谱。

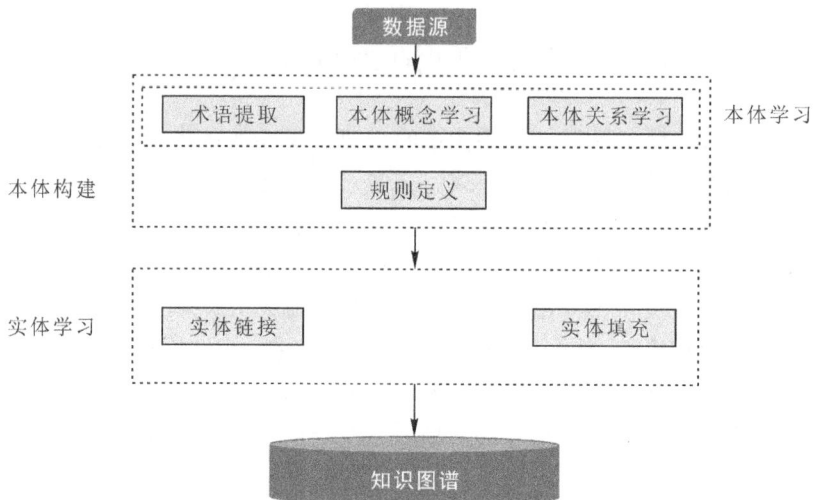

图 7-2　知识图谱自顶向下构建过程

目前大部分知识图谱会结合自顶向下和自底向上两种构建方式，首先根据知识抽取的结果归纳和构建模式层，再不断迭代归纳和总结新的知识和数据来更新模式层。每一次更新都需要进行一次新的实体填充。目前，百度的知识图谱就是采用这种混合方式进行构建的。这种方式既保留了自顶向下方式中抽取质量高、利于抽取新实例的优点，又保留了自底向上方式中易发现新模式的优点，灵活性较强但模式层构建的难度比较大。

7.4　知识图谱相关应用

7.4.1　推荐系统

推荐系统作为解决信息过载问题的技术代表，为人们的工作生活带来了巨大的便利。相对于本质上是帮助用户过滤和筛选信息的传统搜索引擎，推荐系统在解决信息过载问题的基础上兼顾了个性化需求。推荐系统结合用户的习惯、喜好、需求以及商品本身的特性，预测用户对不同商品的喜好，从而为用户推荐最适合的产品，提高用户满意度。推荐系统的价值在于用户并不需要明确提供他们需要的具体内容，就可以得到推荐，并作出比较合适的选择。但随着信息数据量爆炸式的增长，大数据环境给推荐系统带来了很大影响。数据本身的规模变大，更新更快，噪声更强，同时用户对于推荐结果的准确性和实时性的要求也更高，使得传统推荐系统的性能由于其在数据挖掘方面存在的问题受到限制。

　　知识图谱的出现在一定程度上弥补了传统推荐系统的一些缺陷。在传统推荐系统中，项目与项目、用户与用户之间的相互联系通常考虑得不多，往往只关注了用户与项目之间的联系。知识图谱可以增强数据的语义信息，帮助推荐系统整合多源异构数据，进而在用户和项目之间建立联系，有效提升了推荐系统的准确性。推荐系统可以利用知识图谱的这些能力，通过知识抽取得到更精准、更细粒度的特征信息，使推荐结果更为准确。

　　通常基于知识图谱的推荐系统包含项目知识图谱、用户知识图谱和推荐方法三个要素。通过在互联网中搜集数据构建项目知识图谱，通过对用户的偏好进行提取构建用户知识图谱，最后由推荐方法结合用户的原始数据产生推荐结果反馈给用户。用户对推荐结果的反馈将帮助推荐器评估其性能并进行相应调整，从而更好地适应用户的需要。根据知识图谱的不同表现形式，又可以将推荐方法划分为基于图嵌入、基于 LOD 和基于本体的推荐生成。

1. 基于图嵌入的推荐生成

　　基于图嵌入的推荐生成方法能够将用户与用户之间的关系、项目与项目之间的关系用数学的形式进行表示并映射到低维空间。这样就可以进一步使用深度学习方法对相似的用户或是相似的项目进行聚类。

　　基于图嵌入的推荐生成可以形式化为：对于一个给定的带权无向图 G，W_{ij} 表示点 u_i、u_j 之间边的权重，W 表示图 G 的邻接矩阵。对图中任意节点 u_x，输出一个 top-k 列表作为 u_x 的推荐结果。

　　通常的方法是将图 G 中的节点映射到一个向量空间中，目前性能较好的图嵌入算法有谱嵌入、高阶近似嵌入(Higher Order Proximity Embedding，HOPE)以及 Node2Vec 算法。谱嵌入由谱聚类直接延伸而来，它保留了图中的结构信息并使用了第 n 维空间中独立特征向量的概念。通过使用 K-means 算法可以得到 k 个最小的特征值并找到 k 个聚类，即推荐结果。HOPE 主要用于保留图中的高阶近似信息。高阶近似在这里指图中节点之间的联系，如果两个节点的第 k 个节点相似(不一定相同)，那么称他们拥有相似的第 k 近似。HOPE 算法使用一种通用版本的单数值分解来有效获取图嵌入信息。Node2Vec 算法使用采样的策略来获取图嵌入信息。由于节点之间跟随彼此发生的概率是一个固定长度随机游走的最大值，Node2Vec 据此获取节点之间的高阶近似。通过在宽度优先搜索和深度优先搜索之间适当权衡，Node2Vec 算法考虑了节点之间的结构对等性，也同样保留了不同聚类之间的结构特性。

2. 基于 LOD 的推荐生成

开放链接数据(Linked Open Data，LOD)指开放数据的数据链接。数据链接通过将数据彼此链接，并通过语义查询，使链接的数据更为有用。利用开放链接数据中大量相关联的数据，以及数据之间的相似性，可以更好地结合上下文信息挖掘用户偏好，进而优化推荐结果。

基于 LOD 的推荐生成的关键在于计算语义相似度。传统推荐系统中应用最广泛的相似度计算方法主要使用 Pearson 相关系数计算公式、修正的 Pearson 相关系数计算公式以及余弦相似度公式。基于 LOD 的推荐生成方法的优点在于系统可以自动发现隐含的语义信息；数据之间关联性、逻辑性强，系统具备一定的推理能力。但推荐过程对外部知识库依赖很大，外部知识库的质量在很大程度上影响推荐的质量。

3. 基于本体的推荐生成

本体形式化地表示了领域中的概念及其相互关系，是知识图谱的一种体现形式。基于本体的推荐生成方法本质上仍然采用传统推荐算法中的核心思想，但在实现细节上利用本体技术的优势对这些传统推荐算法进行了改进。目前主流的推荐算法有协同过滤推荐扩展法和基于内容的推荐扩展法。

基于本体的推荐生成可以细化概念的上下文关系，增强数据的关联性，使对用户偏好的分析更细致。但目前本体的构建主要通过手工方式，且在某些特定领域往往需要专家的参与，因此本体的构建相对费时。

7.4.2　问答系统

问答系统(Question and Answering System，QAS)是除搜索引擎外另一种满足信息需求的服务方式。用户可以用自然语言进行提问，并直接得到所需的答案而不仅仅是相关的网页。在互联网信息越来越丰富的时代，问答系统一方面可以更快速准确地找到人们所需的信息，另一方面可以部分代替人工劳动，起到的作用越来越显著。

目前，基于知识图谱的问答主要用于解决事实性的问题，即问题的答案是实义词或短语。根据问题中涉及的内容又可以分为单知识点和多知识点问题。使用垂直领域知识图谱构建的问答系统，其精度相对来说要更高，并且答案的质量也更优。

对于给定的问题，问答系统需要首先分析问题的句子成分、类别以及潜在答案类型等；然后根据分析所得将自然语言翻译成结构化的查询语言在知识库中进行查询；在查询所得结果中提取答案或答案集合后，将答案返回给用户。因此，问答系统主要涉及问题分析、信息检索、抽取答案这三个维度。智能问答系统的实现需要强大且全面的知识作为基础。一直以来，阻碍问答系统发展的主要因素是缺乏高质量的数据和强大的自然语言处理技术。

虽然互联网已经能够提供大量数据，通过抽取结构化和非结构化数据中的知识构建知识库，但知识覆盖率仍然有限，而且并不是所有问题都可以利用知识库直接进行回答。利用已经抽取的知识进行推理，我们可以得到非常多的隐含知识。以知识图谱作为知识库的问答系统为这种知识推理任务提供了很大的便利，实体与实体之间通过关系相连，通过将实体、概念和关系表示为低维空间的向量或矩阵，就可以在低维空间进行数值计算从而完成知识推理任务。结合知识图谱，问答系统可以集成数据规模更大、质量更高的知识库，而结合知识推理能力使问答系统支持更加复杂的问题。

基于知识图谱的问答系统主要有三大方向：基于语义解析、基于概率模型的语义提取技术和基于信息检索的语义提取技术。目前大部分基于知识图谱的问答系统都采用基于语义解析的方法，将问句结构化为查询语句，从而在知识库中进行查询并得到答案。这种结构化的语义结构还能解释答案的生成，可以帮助用户理解答案和帮助定位错误。微软就采用这种方法处理单知识点问题，将原任务分解为话题词识别和关系检测两个子任务。基于概率模型的语义提取直接针对知识图谱中的图结构和实体之间的关系数据学习语义信息，这种方法使得语义网中的结构数据以及推理特性得到保留。基于信息检索的语义提取技术利用模板将符合规则的问句进行转换并生成三元组。

7.4.3 决策支持系统

决策支持系统是运用计算机、网络、多媒体、数据库等技术提供辅助决策的信息系统，是跨管理、网络、人工智能等多个学科的综合智能系统。决策支持系统需要相关领域的专业知识、决策理论方法进行指导以及协同多种知识的能力。传统的决策支持系统获取用于决策的知识难度较大，灵活性适应性较低，知识协同和相关性较差。知识图谱，特别是垂直领域的知识图谱可以汇聚多种异构的数据，提供更高质量、关联度更高的知识，有助于改进传统决策支持系统。

基于知识图谱的决策支持系统通常使用基于关联关系的决策算法，对知识图谱中有关联的实体进行聚类。根据聚类获得实体群，获得实体的关联关系。基于知识图谱的决策支持技术在医疗领域应用非常广泛，该技术不仅可以在一定程度上缓解优质医疗资源不足和医疗服务需求增加之间的矛盾，还可以智能化分析医生的诊疗方案，有效减少误诊情况的发生。

7.5 知识图谱在智慧城市中的应用

1. 知识图谱与智慧警务

公安信息化的高速发展使得各级公安部门积累了海量的业务数据。如何挖掘数据的内在价值是公安信息化需要解决的关键问题。通过大数据分析手段来提高公安部门的信息侦查、智能分析、预警预测能力是提高警务工作效率的有效途径之一。知识图谱通过分析手段可以抽取出人、事、物、地、组织等实体,对不同来源、不同类型的基础数据,按照要素提取关键字段后通过属性联系、空间联系、语义联系和特征联系等建立相互关联关系,形成关联库。姓名、身份证、手机号、地址、家庭电话、联系人、亲属关系、行为轨迹、涉案信息和违法犯罪信息等在知识图谱中作为节点,定义两个节点间的关系,从而可以构建一张具有公安特性的知识图谱。用户可以直接在公安知识图谱平台上,输入某个节点值查询节点的关联信息,查看其关联范围内涉及的人、财物、案件等信息,查看该节点与其他节点的关联关系、与历史节点间的关联关系等,为案件的侦破及突发事件的处理提供了快速反应机制。

2. 知识图谱与智慧司法

基于海量的裁判文书资源库,利用知识图谱技术实现相似案例的检索、类似案例的精准推送和裁判文书的自动生成是当前提升办案质量和效率、服务司法人员、服务群众的创新手段。司法裁定书具有制作合法性、形式程序性、语言精确性的特点。司法判决书相比裁定书记录更加翔实,包括了类结构化的案件基本信息和非结构化文本,是构建司法知识图谱的重要数据源。司法知识图谱的构建,对于司法人员而言,可以实现法律知识的智能搜索与推荐、文书的自动生成、定罪量刑的辅助判定等功能;对于普通群众而言,可以提供强大的法律知识自动问答、案情的智能分析等功能。

3. 知识图谱与城市应急指挥

通过知识图谱技术,可以将曾经发生过的应急事件的信息进行抽取,如处置流程、处置效果、处置经验等,建立各类实体之间、事件之间的实物联系,以及空间和时间联系,形成具有内在联系的案例库,为案件复盘、案件演练提供智能手段。当发生灾难事故时,可以自动生成应对流程和方案,为应急处置提供辅助决策。

4. 知识图谱与城市治理

国内城市近年来推出了"一网通办"等在线政务服务平台,不同部门的信息系统、业务流程等在一个平台上就可以完成,为个人、企业法人办事提供了高效的平台,同时也将政务数据都归集到了一个平台,是打破部门间数据孤岛的有效途径。基于"一网通办"平台的数据资源,实现了多源数据的集成,更加方便采用知识图谱技术对政务数据和社会数据进行深度挖掘,可以实现城市治理的精细化、精准化,使政府决策具有科学性。

第八章　智慧城市核心技术之人工智能

8.1　人工智能的发展

人工智能(Artificial Intelligence，AI)企图了解智能的本质，研究和开发用于模拟、延伸和扩展人的智能的理论、方法、技术以及应用系统。人工智能是计算机科学的一个分支，已经成为新一轮科技革命和产业变革的核心驱动力，正在对世界经济、社会进步和人类生活发展产生深刻影响。

人工智能的发展可以大致分为三个阶段：第一阶段，20 世纪 50 年代到 70 年代初，人工智能诞生；第二阶段，20 世纪 70 年代到 21 世纪初，人工智能步入产业化；第三阶段，21 世纪初至今，人工智能迎来爆发。

第一阶段的人工智能研究处于推理期，是研究如何赋予机器逻辑推理能力的阶段，取得了一批令人瞩目的研究成果，包括机器定理证明、跳棋程序、求解微积分、通过规划来响应命令以及执行物理动作等。第二阶段的人工智能研究处于知识期，通过模拟人类专家的知识和经验解决特定领域的问题，人工智能从理论研究走向了实际应用，从逻辑推理转向了专门知识的应用。这个时期产生了大量的专家系统，在科学、工程、军事、医药和商业等方面得到广泛应用。第三阶段的人工智能研究处于机器学习期，计算机通过数据来学习算法，以深度神经网络为代表的人工智能技术得到飞速发展，在图像分类、语音识别、知识问答、人机对弈和无人驾驶等应用领域出现了爆发式增长。

8.2　人工智能的三大学派

在人工智能的发展过程中，不同学科背景的学者对人工智能有着各自的理解，提出了不同的观点，由此产生了不同的学术流派，这也与人工智能发展三个阶段的关键技术有相应联系，对人工智能研究影响较大的主要有符号主义、行为主义和连接主义三大学派。

符号主义是一种基于逻辑推理的智能模拟方法，致力于用计算机的符号操作来模拟人的认知过程，实质是模拟人的左脑抽象逻辑思维。符号主义学派认为人工智能源于数学逻辑。计算机出现后，在计算机上实现了逻辑推理系统。

　　行为主义学派也称为控制学派，是一种基于"感知—行动"的行为智能模拟方法。行为主义认为行为是有机体为了适应环境变化的各种身体反应行为的组合。维纳和麦洛克等人提出的控制论和自组织系统以及钱学森等人提出的工程控制论和生物控制论，在许多领域都产生了重要的影响。控制论早期的研究工作重点是模拟人在控制过程中的智能行为和作用，对控制论系统开展研究。1968 年第一台传感器机器人诞生，20 世纪 80 年代诞生了智能控制和智能机器人系统。

　　连接主义是一种基于神经网络以及网络间连接机制和学习算法的智能模拟方法。连接主义学派认为人工智能源于仿生学，主要是对人脑工作机制的研究。连接主义学派基于神经生理学和认知科学的研究，把人的智能归结为人脑的高层活动结果，强调人的智能活动是大量简单神经元相互连接并运行后得到的结果。人工神经网络是连接主义学派的代表技术。

8.3　人工智能典型技术

1. 计算机视觉

　　计算机视觉是当前最引人注目的人工智能技术之一，其研究重点是复制人类视觉系统的部分功能，并使计算机能够采用与人类相同的方式识别和处理图像、视频中的对象。简而言之，就是让计算机拥有人的所见、所识、所思的能力。计算机视觉得益于深度学习的发展和大数据的支撑，近年来取得了长足的进步。新硬件和算法的出现，使得物体识别准确率不断提高，精度已经达到了 99%，在某些计算机视觉任务中已经超过了人类。当前已有越来越多的计算机视觉系统在各种场合得到了应用，比如车牌识别、视频监控、人脸识别、自动驾驶、指纹识别、工业视觉检测、医学成像分析、机器人自主导航和遥感测量等。计算机视觉是一个跨领域的交叉学科，包括计算机科学、数学、工程学、物理学、生物学和生理学等，具体如表 8-1 所示。

表 8-1　计算机视觉的相关学科对应的不同技术

相 关 学 科	相 关 技 术
计算机科学	图形、算法、理论、系统、体系结构
数学	信息检索、机器学习
工程学	机器人、语音、自然语言处理、图像处理
物理学	光学
生物学	神经科学
生理学	认知科学

　　神经网络和深度学习的飞速进展极大地推动了计算机视觉的发展，在目标检测、目标分类、目标跟踪、目标定位、目标分割、场景文字检测与识别、事件检测与识别等领域得到了较多的应用。

　　目标检测是要在给定的图像或视频中定位目标的位置并且知道目标是什么，是计算机视觉首要解决的问题之一。目标检测面临的问题包括目标可能出现在图像或视频的任何位置、目标有不同的大小、目标会有各种不同的形状。

　　目标分类是要从给定的图像或视频中判断里面包含什么类别的目标。比如识别出画面中的人物性别、人物年龄、车辆品牌、车辆款式等。目标分类面临的问题包括尺度变换、视点变化、图像变形、图像遮挡、照明条件等。

　　目标跟踪是指在特定的场景跟踪某一个或多个感兴趣的对象的过程。目标跟踪面临的挑战包括形变、背景杂斑、尺度变换、光照、运动模糊、快速运动、旋转等。

　　目标定位是要在给定的图像或视频中定位出目标的位置，算法通常会用方框框出目标。

　　目标分割分为实例分割和语义分割，要解决每个像素属于哪个目标或者场景的问题。实例分割按照对象个体进行分割，分割的依据是单个的目标。语义分割是目标检测更进阶的任务，要按照对象的内容进行图像分割，分割的依据是内容，也就是对象的类别。当一个场景存在多个相同对象时，语义分割会将所有对象的所有像素预测为该对象类别，但是实例分割要区分出哪些像素属于哪个对象。

　　场景文字检测与识别是将图像或视频中的文字进行检测与识别，对场景识别、信息检索等领域有重要作用。

　　事件检测与识别是对视频中的人、物和场景等进行分析，识别对象的行为和正在发生的事件，比如汽车或行人闯红灯、人流或车流拥堵等。

2. 机器学习

　　机器学习是当前人工智能中最热门的研究领域之一，它使计算机能模拟人的学习方式，自动地通过学习获取知识或技能，并且能重新组织已有的知识不断地改善学习技能，实现自我完善。机器学习也是一门多领域的交叉学科，包括概率论、统计学、凸分析和逼近论等多门学科。学习机制、学习方法和学习系统是机器学习的 3 个主要研究方向。学习机制是研究人类获取知识、技能和抽象的能力，可以从根本上解决机器学习存在的各种问题。学习方法是研究人类的学习过程，探索可能的学习方法以构建独立于应用领域的学习算法。学习系统是为满足特定任务要求而建立的能够在一定程度上实现机器学习的系统。

　　从 20 世纪 50 年代中期以来，根据不同的研究途径和研究目标可以将机器学习的发展分为四个阶段。

　　第一阶段是 20 世纪 50 年代中期到 60 年代中期，主要研究工作是应用决策理论设计可适应环境的通用学习系统，通过对机器的环境及相应性能参数的改变来检测系统反馈的数据。

　　第二阶段是 20 世纪 60 年代中期到 70 年代中期,这个时期的研究主要是设计各类专家系统,将各领域的知识嵌入到系统中,模拟人类学习过程。这一时期主要通过符号来表示机器语言,在图结构及其逻辑结构等高层知识符号表示的基础上建立人类的学习模型。

　　第三阶段是 20 世纪 70 年代中期到 80 年代中期,这个时期的研究开始把学习系统和各种应用结合起来,取得了较大的成功。专家系统对知识获取的需求刺激了机器学习的研究与发展,示例归纳学习成为学习系统研究的主流,自动知识的获取是机器学习应用的研究目标。

　　第四阶段是 20 世纪 80 年代中叶到现在,是机器学习的最新阶段,融合了各种学习方法,应用范围也不断扩大。随着数据产生速度的加快,数据获取能力的提升,机器学习通过更高效的方式获取知识,成为当前机器学习发展的巨大推动力。

　　机器学习按照系统的学习能力划分为有监督学习、无监督学习和弱监督学习,这也是当前最常用的分类方法。按照推理方式分类,可以分为归纳学习、演绎学习、类比学习、分析学习。基于数据形式来分类,可以分为结构化学习和非结构化学习。按照学习目标分类,可以分为概念学习、规则学习、函数学习、类比学习和贝叶斯网络学习。

　　机器学习常用的算法包括决策树算法、朴素贝叶斯算法、支持向量机算法、随机森林算法、人工神经网络算法、Boosting 算法、关联规则算法和期望最大化算法等。机器学习的过程一般可以分为三步:首先选择一个合适的模型,就是一组函数的集合,一般根据实际问题来确定;然后再判断函数的好坏,一般通过设定的损失函数判定;最后是找出一个最好的函数,进而在新样本上测试模型的表现。

3. 自然语言理解

　　自然语言理解是指机器能够执行人类所期望的某些与语言相关的功能,是人工智能的核心课题之一。其主要功能包括回答问题、文摘生成、释义和翻译等几个方面,在文本信息处理中有着重要的作用,是推荐、问答、搜索等系统的必要模块。自然语言理解是一门新兴的学科,研究内容涉及语言学、心理学、逻辑学、数学、计算机科学等学科,其研究任务包括文本分类、命名实体识别、关系抽取、阅读理解等。目前常用的智能音箱、语音助手等产品中,为了支持用户使用自然语音调用设备的各项功能,设备不仅要理解用户说什么,还要作出相应的回复以满足用户的需求。

　　自然语言理解经历了萌芽时期、以关键词匹配技术为主的时期、以句法—语义分析技术为主的时期、基于知识的自然语言理解发展时期和基于大规模语料库的自然语言理解发展时期等五个阶段。

　　第一阶段是 20 世纪 40 年代末到 50 年代初,这一时期,美国语言学家乔姆斯基提出了形式语言和形式文法的概念,将自然语言和程序设计语言用统一的数学方法来解释和定义。第二阶段从 20 世纪 60 年代开始,出现了一些自然语言理解系统,可以处理有限的自然语言子集,在专家系统、信息检索系统中提供自然语言人机接口。但是由于技术的不准确性,常会导致错误的分析。第三阶段是在 20 世纪 70 年代以后，由于句法—语义分析技术取得了重要进展，出现了不少有影响力的自然语言理解系统。第四阶段是在 20 世纪 80 年代以后，人工智能和专家系统中的思想被自然语言理解借鉴，知识表示和推理机制被用于研究，系统处理的准确性有了提高。近年来，为了能够处理大规模的真实文本，研究人员提出了语料库语言学，认为语言学源于实际生活中的大规模语言资料，通过机器学习来实现计算机自动或半自动地从大规模语料库中获取分析模型等自然语言处理所需的各种知识。

自然语言理解的工作流程大概分为 3 个步骤。首先是将文本分词、断句，分割为一系列具有语义、语法的独立单元，得到一组 Token 序列；然后基于 Token 序列，采用词向量空间模型等文本表示模型得到数值向量或矩阵；再使用分类算法、序列标注算法等计算文本中的关键信息，包括实体、三元组、句子意图等。自此，机器就可以理解用户的语言，判断用户的需求。从自然语言理解的工作流程可以看出，自然语言理解的技术难点包括知识库的构建、用户语句意图的理解、可扩展的算法、上下文语境的使用等方面。

4. 语音识别

语音识别是用语音实现人与计算机之间的交互，需要语音识别、自然语言理解、语音合成等技术的支撑。语音识别完成语言到文字的转换，自然语言理解完成文字到语义的转换，语音合成完成用语音的方式输出用户需要的信息。语音识别技术涉及信号处理、模式识别、概率论、信息论等学科领域。2009 年以来，借助深度学习的发展和大数据语料的积累，语音识别技术得到了迅猛发展。语音识别在智能手机、耳机、智能家居等产品中已有较为广泛的应用，应用场景包括语音输入、语音搜索、语音盒子、社交聊天等。

语言识别的主要过程包括语音信号的采集、语音信号预处理、语音信号的特征参数提取、向量量化、识别等步骤。语音识别的方法分为传统方法和基于深度学习的方法。传统方法包括模板匹配法、随机模型法、概率语法分析法。基于深度学习的方法是通过深度神经网络的非线性建模能力建立说话人与模板说话人之间的映射关系，实现说话人信息的转换。深度神经网络具有的处理高维数据的能力极大地提高了声学模型的准确性，提高了转换语言的质量。

语音识别面临的问题包括对自然语言的识别和理解、语言信息量大、语言的模糊性、单字母或单个词的语言特性受上下文影响、环境噪声和干扰对语音识别的影响等。

8.4 人工智能在智慧城市中的应用

1. AI + 智慧医疗

人工智能有助于提高医疗服务水平，可以将医生从繁重的工作压力中解放出来，减小误诊率，提高准确率，以及探索新的诊疗方案和发现新的有效药物，涉及医疗健康领域的诸多方面，包括智能诊疗、医学影像分析、医学数据治理、健康管理、精准医疗、新药研发等。

语音识别技术可以实现语音录入病历的功能，提高医患之间的沟通效率。模式识别技术、机器学习技术在医疗影像分析上的应用，体现在可以快速自动地发现病灶并标注，也有可能发现更有价值的异常区域，对于常见病、多发病，可以减少医生的重复性工作，辅助医生降低误诊率。在综合性诊疗工作中，医生可以利用知识图谱、计算机视觉等技术综合病人的多个维度信息和医疗信息进行推理、判断，及早发现病情。在身体健康管理中，通过大数据技术对监控状态进行监测分析、预测疾病发生，实现全方位的健康管理。医疗机器人可以从事医疗或辅助医疗的工作，其种类有临床医疗机器人、护理机器人和医用教学机器人等。

新冠疫情暴发以来，人工智能技术在疫情防控上发挥了一定的优势，比如基于肺炎影像学特征的人工智能筛查，可以很好地辅助试剂筛查，这大大降低了医生工作量，并且对病情的发展可以有一定的预测，目前已有一些新冠人工智能诊断系统出现。另外，国内外也开展了基于人工智能技术的靶位药物筛选，利用深度学习模型从新的角度寻找有效的抗病毒药物，为抗新冠药物的开发提供了新思路。

2. AI + 智慧金融

"智能投顾"和金融欺诈检测是人工智能结合大数据技术在智慧金融中的典型应用。传统的投资是金融机构的客户经理与客户沟通后，根据客户自述的风险偏好和理财目标制定理财配置模型。智能投顾则在将线下流程转为在线的同时，根据投资人的年龄、职业、风险偏好、家庭情况、投资兴趣、风险承压能力等多种因素确认投资目标，再通过分析可用的金融产品收益特征、风险特征等信息，利用机器学习技术将金融产品与客户进行匹配，给出最优的投资方案。金融机构可以通过多维度的数据实现对金融欺骗的识别，数据源于金融系统的内部数据和网络以及第三方机构的外部数据。在远程开户、转账、交易、确认客户身份、智能迎宾、押运员身份确认等金融应用场景，人脸识别技术得到了充分的应用。

3. AI + 智慧安防

人工智能在智慧安防领域的应用主要包括警用和民用两个方向。在公安行业的应用是人工智能最具有代表性的警用方向。利用人工智能中的计算机视觉技术可以实时分析图像和视频内容，自动快速地获取人员、车辆等关键信息。人工智能技术可以对公安大数据进行智能分析，通过知识图谱等技术，构建"人、事、物、地、组织"的网络，可以进行实时监测预警和事态研判，提升对公共安全的认知、预测和决策能力。借助人脸识别技术和高性能计算可以对道路卡口、车站、机场等重点监控领域的监控视频实现实时的智能分析，检测黑名单人员是否出现并且能够实时提醒工作人员。当前的海量视频处理技术已经能够为行人、机动车、非机动车等目标的监测、跟踪等提供方便快捷的手段。在民用方向，人工智能在视频监控上的应用最为广泛，可以实现智能楼宇和工业园区的智能监控。智能楼宇可以利用人脸识别、行为识别等技术实现门禁管理，通过人脸识别发现盗窃和违规探访的行为等。在工业园区，基于实时的视频监控，可以发现潜在的危险并进行预警。家用摄像头目前也具备了实时检测人、物的功能，可以做到实时提醒，保护家庭安全。

4. AI + 智慧家居

智慧家居的实现既依赖于物联网硬件的部署，也依赖于运行在硬件之上的 AI 技术和相应厂商提供的 AI 云平台，实现远程设备控制、人机交互、设备互联等面向用户的个性化服务。目前多数智能家居设备基于自然语言处理技术、语音识别技术完成与用户的交互，比如语音控制窗帘的开关、照明灯具的开关、智能音箱的开关等，智能音箱还能够按照用户需求完成具体的指令。

5. AI + 智慧交通

智慧交通是将人工智能、物联网、云计算、大数据、移动互联网等技术应用在交通领域，通过汇集的海量交通信息，使用各种数据模型进行数据挖掘，为车辆、行人等提供实时的交通信息服务。智慧交通主要包括实时的交通监控、交通信号灯控制、公共车辆管理、共享车辆管理、航空排班优化、出行信息服务、智能导航、智慧停车、车路协同辅助控制等应用。

在智能交通灯的控制应用上，可以利用智能化的交通信号灯在识别道路当前情况的基础上，综合分析和比较不同方向的车流，结合地图信息，智能配时交通信号灯，缓解道路拥堵。在日常的车流引导和服务上，可以通过电子导航等工具为车辆传送实时交通信息和当前路况，引导车流提前避开拥堵路段，科学规划行车路线。在共享车辆的管理上，通过车辆自带的定位信息，智能分析不同时段、不同地段的用车需求，预测未来变化，优化车辆调度和投放策略，提高车辆运营效率，提升城市管理能力。基于人工智能技术，可以对车辆偏离、疲劳驾驶、行人检测等实现辅助。

6. AI + 智能制造

在制造业领域，人工智能技术可以显著地优化制造周期和效率，提高产品质量，降低人力成本，主要的应用场景包括设备健康管理、智能质检、设备参数的性能优化、智能调度、机器人等。

物联网技术可以实现设备数据的实时采集，通过特征提取和机器学习模型的构建可以进行设备故障的预测，通过预测性的维修可以保证设备始终处于可靠的运行状态，大幅降低设备的维护保养费用。计算机视觉技术的应用可以高效地进行产品的缺陷检测，降低人力成本，提升产品品质。在专家经验和数据分析的基础上，可以挖掘并优化工艺参数，提升生产效能，提高产品质量。人工智能技术使机器人具备了感知、协同、决策和反馈的能力，在打包、堆垛、分拣、定位、装配、运动规划等作业中得到了广泛的应用。

第九章　智慧城市核心技术之边缘计算

近年来，智慧城市中的计算密集型应用显著增加，此类应用程序不断生成大量数据，需要严格的延迟感知计算处理能力，边缘计算应运而生。边缘计算是一种前沿计算范式，其主要特点是地理分布操作、上下文感知、移动支持和低延迟。它将计算资源(如计算能力、数据和应用程序)从远程云迁移到网络边缘，从而实现众多实时的智慧城市服务。

边缘计算将边缘服务器或资源丰富的网络设备的小型服务器放置在终端用户/设备附近。通过这种方式，一些计算和数据存储负载从云平台转移到边缘服务器。终端用户的设备通常包括无线传感器网络、智能手机、可穿戴小工具和各种需要实时响应的物联网设备。网络边缘部署计算和存储资源可以支持大量需要实时响应的应用程序。

传统的物联网网络先收集和分析数据，然后再将其发送到云计算机进行处理和操作。边缘计算允许更多的设备计算和分析，设备本身可以实时作出决策，而不是将数据发送到另一台计算机进行处理。这种瞬时响应是高带宽技术(如自动驾驶汽车)的必然要求，在自动驾驶汽车中，捕捉人的动作是实现高安全水平的必要条件。

包含边缘计算的网络往往更可靠、更快速，对网络连接和互联网带宽使用的需求更少。为了充分发挥下一代物联网的优势，边缘计算是任何新兴智慧城市的必要投资。设备上的决策意味着多余的数据不需要传输并存储在云平台中，从而降低了数据存储成本。具有独立执行能力的传感器也具有隐私和安全优势。

9.1　边缘计算的相关术语

(1) 电信边缘计算：是一种分布式计算，由电信运营商管理，可从网络边缘扩展到客户边缘。客户可以在数据源附近运行低延迟应用程序以及缓存或处理数据，以减少回程流量和成本。

(2) 本地边缘计算：计算资源在客户本地，由网络运营商提供应用和功能来管理。该功能是通过分布式的边缘架构和基于云的操作在虚拟环境中实现的。本地边缘计算将敏感数据保留在本地,同时仍然利用边缘云提供的弹性功能。

(3) 边缘云:边缘计算之上的虚拟化基础架构和业务模型。边缘云结合了云服务器和内部部署服务器的优势,具有灵活性和可扩展性,能够处理最终用户活动意外增加而导致的工作负载突然激增问题。

(4) 私有云:一种云部署模型,其中计算服务通过专用网络提供给一组专用用户。私有云也具有公共云的优点,如可扩展性和灵活性,关键区别在于私有云通过云基础设施的内部托管提供更高的安全性和更好的数据隐私保护。

(5) 边缘网络:这是企业拥有的网络(如无线局域网或数据中心)与第三方网络(如Internet)连接的地方。

边缘计算和边缘云所指的内容略有不同。边缘计算主要是指物理计算基础设施,支持各种应用。而边缘云是分布在网络边缘侧,提供实时数据处理、分析决策的小规模云数据中心。边缘云使算力和应用更接近用户,从而可大幅降低网络时延和回传负担。和云一样,边缘云也是灵活和可扩展的。与静态的内部部署服务器不同,它具有处理最终用户活动意外增加而导致的工作负载突然激增的能力。它还有助于在测试和部署新应用程序时进行扩展,因此是一个非常好的企业解决方案。边缘云服务还可以在多个网络中提供一致的开发者体验,让开发者使用已经熟悉的服务和工具,跨不同的电信运营商,构建部署新一代应用。

边缘网络是边缘云的关键能力体现,通常包括边缘云接入网络、边缘云内部网络、边缘云互联网络。边缘网络实现计算存储能力与业务服务能力在网络边缘的本地化部署,并可以对数据进行本地计算与处理。边缘网络提供网络核心和边缘段,以优化数字资源的交付。在边缘网络上可以灵活地部署应用程序,停机时间很少甚至没有停机。边缘网络规模小,容易改造与配置,具有更高的确定性和稳定性。边缘网络还可以提供丰富的数据处理和流量分析功能,能够支持一系列异构物联网设备,实现设备、边缘和云之间的实时同步。

9.2　边缘计算的关键技术

1. 雾计算

雾计算代表一个平台,使云计算接近终端用户。"雾"的概念最初由思科引入,与现实生活中的雾有类似之处。由于云层远高于天空,而雾离地球更近,因此雾计算也使用了同样的概念,虚拟化的雾平台部署在更靠近最终用户的位置,即在云和最终用户的设备之间。尽管云和雾模式共享几乎相似的服务集,如计算、存储和网络,但两者之间存在一些差异。雾的部署针对特定的地理区域。此外,雾专门设计用于需要实时响应且延迟较小的应用,例如交互式和物联网应用。另外一种看法是,云是集中式的,并且大部分距离用户较远,因此在实时应用程序的延迟和响应时间方面,它受到一些性能限制。在一端为云另一端为物联网设备的两层架构中部署物联网无法满足低延迟、物的移动性和位置感知的要求。在技术架构上,雾一方面通过路由器、接入点、无线接入网络或 LTE 基站与最终用户连接。另一方面,雾与云的数据中心连接。在云、雾、IoT 设备构成的三层架构下,雾允许从网络边缘以及终端设备(如网关、路由器、接入点、机顶盒、路边设备和机器对机器网关)运行物联网应用程序和服务。这种架构允许雾在网络边缘处理数据时,以减少延迟、提高 QoS 和节省带宽的方式执行实时监控、驱动和数据分析的任务。由于密集的地理覆盖和分布式操作,雾计算提高了系统的容错性、可靠性和可扩展性。雾还可以在将数据发送到云之前对数据进行预处理。

2. Cloudlet

Cloudlet 是具有移动性的小型数据中心,最早由 CMU 的研究团队提出。与雾计算一样,Cloudlet 是移动设备、Cloudlet、云三层架构的中间层,Cloudlet 让云服务更接近移动用户。Cloudlet 的内部由一组资源丰富、具有高速互联网连接的多核计算机和一个供附近移动设备使用的高带宽无线局域网组成。

尽管技术进步显著,但与笔记本电脑和服务器等其他固定设备相比,智能手机等移动设备仍然存在资源不足的问题。这主要是因为它们体积小、内存小、电池寿命短。另一方面,各种移动应用程序的开发也有了显著的增长。大多数新兴应用,如增强现实、交互式媒体、语音识别、自然语言处理等都需要更多的资源、最小的延迟进行处理。为了满足这些需求,Cloudlet 设计了虚拟化功能,专门为移动用户提供计算资源。移动设备作为瘦客户端,可以通过无线网络将计算任务加载部署在一跳之外的 Cloudlet 上。Cloud 和 Cloudlet 之间的一个基本区别是 Cloudlet 只包含数据或代码的软状态,而 Cloud 可以包含软状态和硬状态。因此,Cloudlet 的故障不会导致移动设备的数据丢失。

3. 微型数据中心

微软研究院最早引入了微型数据中心的概念,是当前超规模云数据中心的扩展。与Cloudlet 类似,微型数据中心的设计还可以满足较低延迟或面临电池寿命或计算限制的应用程序的需求。微型数据中心是一个独立、安全的计算环境,包括运行客户应用程序所需的所有计算、存储和网络设备。考虑到 IT 负载,微型数据中心的大小可以满足可扩展性和延迟需求,如果将来需要更多容量,也可以进行扩展。

4. 移动边缘计算

移动边缘计算旨在将云计算能力和 IT 服务环境带到蜂窝网络的边缘。移动边缘计算提供更低的延迟、接近度、上下文和位置感知以及更高的带宽。移动边缘计算服务器部署在蜂窝基站，为客户灵活、快速地部署新的应用程序和服务。移动边缘计算可以设想为运行在移动网络边缘的云服务器，执行传统云网络基础设施无法实现的特定任务。移动边缘计算将集中云的目标传输转移到移动边缘计算服务器，而不是将所有传输转发到远程云。通过这种方式，运行应用程序并执行相关处理任务的移动边缘计算服务器更靠近蜂窝用户，从而减少了网络拥塞和应用程序的响应时间。

9.3　边缘计算的特性

1. 延迟和效率

在高效计算系统中，任何连接到互联网的设备都必须在毫秒内作出响应。网络和设备之间通信的任何延迟都被称为延迟。边缘计算基于分布式的网络原理工作，可以消除延迟问题。这种系统能够保证实时信息处理，并维持更可靠的网络。另一方面，边缘计算处理网络边缘不同类型物联网设备产生的海量数据，而不是将其传输到集中式云基础设施。因此，与云计算相比，边缘计算可以提供更快的响应和更高质量的服务，这大大提高了收集、传输、处理和分析物联网设备生成数据的效率。

2. 隐私和安全

安全问题更多地与通过网络向中央云传输数据有关。在边缘架构中，任何中断都将限于边缘设备和本地应用程序。因此，边缘计算通过省略传输来提高隐私和安全性，数据存储和处理在边缘设备中或更靠近边缘设备。随着认证技术的改进，边缘计算的隐私和安全性可以通过生物特征认证(如指纹认证、人脸认证、基于触摸或基于按键的认证)得到进一步保障。

3. 能耗

终端用户移动设备和物联网通常受到计算能力、电池寿命和散热的限制。边缘计算支持将能耗应用程序从资源受限的最终用户设备加载到边缘服务器。大多数算法的目标是最小化移动设备的能量消耗，同时满足加载的应用程序在可接受的执行延迟范围内，或者在这两个指标之间找到最佳折中。通过采用智能客户端缓存技术和优化边缘与云之间内容的同步频率，可以节约能耗。

4. 因特网负载

根据思科全球云指数，2020 年通过云计算网络运行的流量增至每年 14.1 ZB。通过处理靠近边缘的一些数据，可以从中央云中去除大量的网络流量。此外，在互联网带宽有限的情况下，将数据处理从中央云移开可以将网络负担降至最低。

5. 可持续性

边缘计算系统提供分散计算的能力，可以很好地支持容错，当一个边缘设备发生故障时，其他节点和相关 IT 设备仍将保持运行。此概念类似于云灾难恢复策略，通过使用多个可用区域来确保数据和应用程序不会在灾难事件中丢失。

6. 可扩展性

系统能够根据用户需求提供弹性服务，而不丢失 QoS，从而实现低成本高效益的运营。

7. 缓存

在网络中的不同位置临时存储流内容，可以实现低延迟访问。缓存还可以避免重复流量，减少网络拥塞。缓存处理流内容的存储，边缘计算提供计算资源，这两项技术可以在智慧城市中同时使用，以支持各种智能应用程序。

9.4　边缘计算与 5G 的关系

5G 和边缘计算是两种密不可分的技术，它们都将显著提高应用程序的性能，并能够实时处理大量数据。5G 的速度是 4G 的 10 倍，而移动边缘计算通过将计算能力引入网络，更接近最终用户，从而减少延迟。这两种技术在应用场景上有很多重叠，例如 AR 和 VR、自动驾驶汽车、工业 4.0、物联网等。虽然边缘计算支持这些低延迟应用，但 5G 通过提高吞吐量和减少延迟来增强它。当前 5G 需要移动边缘计算有两个原因：

(1) 这是 5G 标准固有的，因为它是满足已设定的延迟目标(1 ms 网络延迟)的唯一方法。虽然电信运营商报告说实验室中的 5G 可以提供比 LTE1 快 20 倍以上的网络速度，但这并不能反映普通用户的体验。5G 可以依靠边缘计算来实现设定的目标。

(2) 运营商部署 5G 所采取的是循序渐进的方法，5G 的慢行周期意味着完整 5G 的覆盖率将不足以培育新应用的生态系统。然而，边缘计算可以在广泛覆盖之前为 5G 市场播下种子。

短期来看，移动边缘计算是迈向 5G 的关键技术。为了实现超低延迟，需要将 5G 和边缘计算结合起来，这对于今后更多的使用案例，如自主无人机或远程手术是必要的。一方面，因为只传输经过处理的数据，所以 5G+ 移动边缘计算有效地减少了网络工作量。高清视频监控、AR/VR、联网车辆和其他应用程序的快速本地处理将减少访问延迟，以更好地满足客户需求。另一方面，借助强大的 5G 网络，从智能终端收集大量数据，在边缘使用AI 进行分析，并通过快速反馈发送到各自的数据平台。

9.5　边缘计算与云计算的关系

云计算是工业转型的催化剂,边缘计算应该是工业物联网(IIoT)规划的关键部分,以实现和加速数字转型。边缘计算的到来并不一定意味着更多基于云的物联网网络的终结。存储在中心位置的数据往往更易于访问和开放,从而使私营部门和公共部门之间的共享协议具有更高的可用性。共享这些数据可以带来更强的创新形式。当然,在云中提供数据可以实现更多的移动和远程交互。边缘计算将在智慧城市的下一个发展阶段发挥重要作用。随着技术变得越来越先进,越来越依赖于能够作出类似人类反应的计算机,在设备上作出此类决策能力的应用场景将变得越来越普遍。

9.6　边缘计算的典型应用实例

1. 车队自动驾驶

卡车车队的自动排队可能是自动驾驶的第一个应用案例。在这个应用案例中,车队中一组卡车一起行驶,节省了燃油成本,减少了拥堵。通过边缘计算,卡车能够以极低的延迟相互通信,除了前面的卡车之外,所有卡车都可以减少对驾驶员的需求。

2. 石油和天然气行业资产的远程监控

石油和天然气故障可能是灾难性的。因此,它们的资产需要实时被监测。然而,石油和天然气工厂往往位于偏远地区。边缘计算支持实时分析,处理过程离资产更近,这意味着它不太依赖与中央云的高质量连接。

3. 智能电网

边缘计算将成为更广泛采用智能电网的核心技术,有助于企业更好地管理能源消耗。传感器和物联网设备连接到工厂、工厂和办公室的边缘平台,用于监测能源使用并实时分析能源消耗。通过实时可视化,企业和能源公司可以达成新的协议,例如,在电力需求的非高峰时段运行大功率机械,这可以增加企业消耗的绿色能源(如风能)数量。

4. 预测性维护

制造商希望能够在故障发生之前分析和检测生产线的变化。边缘计算有助于使数据的处理和存储更接近设备。这使得物联网传感器能够以低延迟监控机器健康状况,并实时执行分析。

5. 住院病人监护

边缘计算在医疗行业有较多的应用。目前，监测设备(如葡萄糖监测器、健康工具和其他传感器)要么未连接，要么来自设备的大量未处理数据需要存储在第三方云上。可以在医院网站的边缘处理数据，以保护数据隐私。边缘计算还能够通过数据分析或人工智能技术及时向工作人员通报异常患者趋势或行为，并创建全方位视图的患者仪表盘，以实现全面可视化。

6. 虚拟无线接入网(vRAN)和 5G

运营商越来越希望将部分移动网络虚拟化，这在成本和灵活性方面都有好处。新的虚拟化硬件需要以低延迟进行复杂的处理，因此运营商需要边缘服务器来支持虚拟化其靠近基站的无线接入网络。

7. 云游戏

云游戏是一种新型游戏，它将游戏的实时信息直接传输到设备，游戏本身在数据中心进行处理和托管。云游戏公司正在寻求构建尽可能靠近游戏玩家的边缘服务器，以减少延迟并提供即时响应和沉浸式的游戏体验。

8. 内容交付

通过在边缘缓存内容，如音乐、视频流、网页等，可以大大改进内容交付，也可以显著减少延迟。内容提供商希望将内容分发网络(CDN)更广泛地分发到边缘，从而根据用户流量需求确保网络的灵活性和个性化定制。

9. 交通管理

边缘计算可以实现更有效的城市交通管理。这方面的例子包括根据需求优化公交频率，管理备用车道的开放和关闭，以及未来管理自动车道。使用边缘计算，无需将大量交通数据传输到集中云，从而降低了带宽和延迟成本。

10. 智能家居

智能家居依靠物联网设备收集和处理房屋周围的数据。通常，这些数据被发送到一个集中的远程服务器进行处理和存储。然而，这种体系结构在网络成本、延迟和安全性方面存在问题。通过使用边缘计算使处理和存储更接近智能家居，减少了数据交互和往返时间，并且可以在边缘处理敏感信息。例如，基于语音的智能家居设备的响应时间要快得多。

11. 自动驾驶汽车事故报告

预计未来自动驾驶汽车的数量将大幅增加。自动驾驶汽车有六种不同的自主权级别，从 0 级到 5 级不等。为了实现自动驾驶汽车的实时分析，使用支持边缘计算的路边单元是一个可行的解决方案。例如，自动驾驶汽车发生事故时，及时报告事故并实施援助是必需的。应急响应系统的主要利益相关者是医疗服务部门、警察、道路运营商和边缘公共安全应答点。当自动驾驶汽车发生碰撞时，时间是最关键的参数。应急响应时间必须短，以尽量降低损失。报告此类事故可由个人或边缘启用的公共应答安全点执行，还要进行事故评估，这需要执行复杂的算法。要执行此类资源密集型和延迟敏感型任务，自动驾驶领域需要边缘计算。

12. 智能森林火灾检测

智能森林火灾检测可以大大减少火灾造成的损失。无人机边缘计算提供了一种及时报告森林火灾的方法。我们可以使用边缘计算辅助的无人机进行监视。无人机使用摄像机连续拍摄森林图像，并对这些图像进行进一步处理以确定是否存在森林火灾。确定火灾存在的一种方法是使用远程云执行视频图像分析，然而这种方法存在高延迟问题。在支持边缘计算的无人机上处理图像可以解决这种延迟问题，并允许快速作出紧急服务决策。

13. 智能停车系统

传统的停车系统面临着停车位管理不完善和查找停车空位时间长的挑战。为了应对传统停车系统的这些局限，可以使用智能停车系统，该系统基于机器学习的不同方案提供停车空位的即时计算和有效的停车位管理。可通过现有监控摄像头和图像检测系统启用智能停车，这些图像检测系统使用人工智能算法查找停车空位。因此，启用低延迟的停车空位检测需要按需计算资源。边缘计算可以通过按需计算资源为智能停车系统提供一个有效的解决方案。

第十章　国内外智慧城市(国家)建设实例

10.1　无锡智慧城市建设

10.1.1　建设历程

无锡的智慧城市建设源起于 2009 年国家传感网创新示范区的成立。

2013 年 5 月，为推动无锡智慧城市的科学发展、率先发展，根据《国务院关于推进物联网有序健康发展的指导意见》《无锡国家传感网创新示范区发展规划纲要(2012—2020年)》等文件，无锡市制定并印发了《无锡市智慧城市发展规划(2013—2020 年)》。

2014 年 3 月，无锡印发了《智慧无锡建设三年行动纲要(2014—2016 年)》，其总体思路是以"感知中国、智慧无锡"为主线，以"惠民、强企、优政"为宗旨，以"让城市更宜居、让产业更发达、让生活更便捷、让百姓更幸福、让社会更和谐"为方向，以"政府主导、企业主体、社会参与、市场运作"为原则，按照"整合、优化、共享、外包"的理念，整合资源，整合系统，整合服务，进一步提升无锡的电子政务、城市管理、经济运行和为民服务水平。具体的发展目标是通过一中心、四平台和 N 个应用的建设，把无锡打造成具有国际影响力的智慧城市建设先行示范区、具有一流竞争力的智慧经济发展产业集聚区、具有较强辐射力的智慧民生服务创新先导区。

2014 年 7 月，无锡入选 IEEE 智慧城市试点计划，是目前为止亚洲唯一入选的城市。

2018 年 8 月，根据《"十三五"国家信息化规划》《"十三五"智慧江苏建设发展规划》和《无锡市"十三五"信息化规划》，无锡制定并印发了《无锡市推进新型智慧城市建设三年行动计划(2018—2020 年)》，以全面提升城市智慧化水平，打造具有物联网特色的"智慧名城"，为高水平全面建成小康社会、加快建设"强富美高"新无锡提供有力支撑等为指导思想，将新型智慧城市建设整体水平保持国内领先，部分领域达到国际先进水平作为发展目标。

2021 年 6 月，无锡发布《无锡市新型智慧城市顶层设计方案》，将其作为无锡市新型智慧城市运营的规范性和指导性文件。该设计方案的愿景目标是强调数据促进"一流治理"，智慧成就"一流城市",将更快一步建设智慧城市,更胜一筹运营智慧城市,全面支撑"美丽无锡"建设,逐步建成基础设施"一体支撑"、政务服务"一网通办"、城市治理"一网统管"、民生服务"一码通城"、产业发展"一数融产",谱写无锡新型智慧城市建设运营的新篇章。

经过多年的建设和探索,无锡的智慧城市建设已经逐步形成了部门协同、上下联动、层级衔接的发展格局,在国内外都产生了较大的影响。

10.1.2 智慧无锡总体架构

无锡新型智慧城市的总体框架从上到下包括无锡市城市智慧运营中心、基础设施一体支撑、领域综合统筹和行业应用四个部分,总体架构如图10-1所示(可扫码放大看原图。后同)。

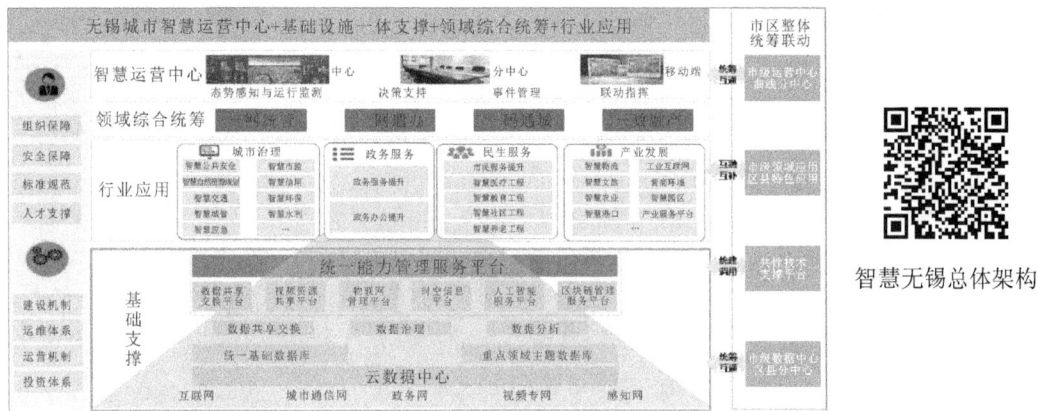

智慧无锡总体架构

图 10-1 智慧无锡总体架构

无锡市城市智慧运营中心的功能包括态势感知与运行监测、决策支持、事件管理、联动指挥等。功能的实现依赖各委办局业务系统的全面打通,如公安、自然资源、生态环境、住房和城乡建设、城管、交通运输、水利、卫生健康、应急等系统。同时还依赖于由市到村的多级联动,以构建全面的运行管理体系和指挥调度体系,实现"一屏联动观锡城、一网统筹管全市"。

基础设施一体支撑涵盖基础网络设施、云数据中心、统一能力管理服务平台的前瞻部署,重点是打造并提升数据共享交换平台、视频资源共享平台、物联网管理平台、时空信息平台、人工智能服务平台、区块链管理服务平台等城市数字平台。

领域综合统筹是依托各行业的建设成果,实现"一网统管""一网通办""一码通城""一数融产",促进不同领域和部门之间的协同。

行业应用主要从城市治理、政务服务、民生服务、产业发展四个领域来优化提升新型智慧城市的建设成果。城市治理包括智慧公共安全、智慧自然资源规划、智慧交通、智慧城管、智慧应急、智慧市监、智慧信用、智慧环保、智慧水利的持续提升。政务服务包括政务服务提升和政务办公提升两个方面。在民生服务上,有市民服务提升、智慧医疗工程、智慧教育工程、智慧社区工程、智慧养老工程、"灵锡" APP 等方面的创新应用。产业发展方面包括智慧物流、智慧文旅、智慧农业、智慧港口、工业互联网、营商环境、智慧园区、产业服务平台等产业应用的持续提升。

10.1.3　智慧无锡业务架构

智慧无锡业务架构自底向上从"善政、惠民、兴业"三大方向构建，呈现业务项、业务线、业务域三个层次，如图 10-2 所示。

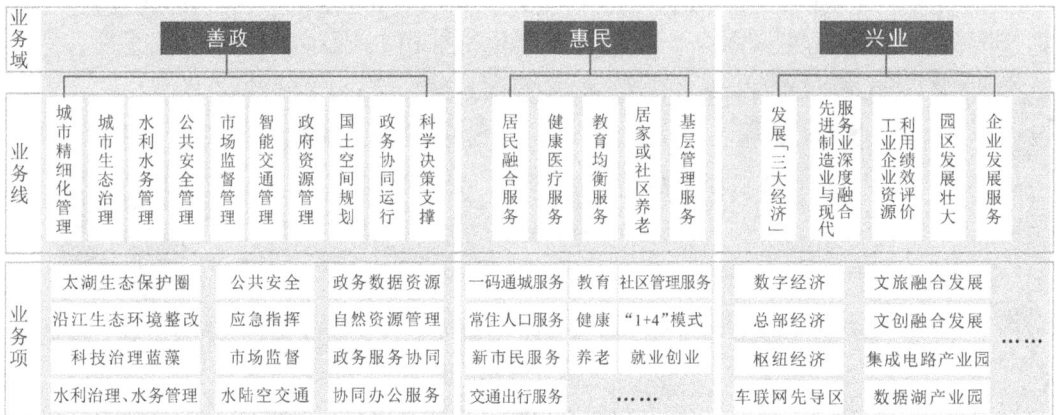

图 10-2　智慧无锡业务架构

10.1.4　智慧无锡应用架构

智慧无锡应用架构自底向上由基础层应用、平台层应用和领域智慧应用三个层次构建，呈现横向协同、共建共享、灵活管控和易于迭代的特点，如图 10-3 所示。

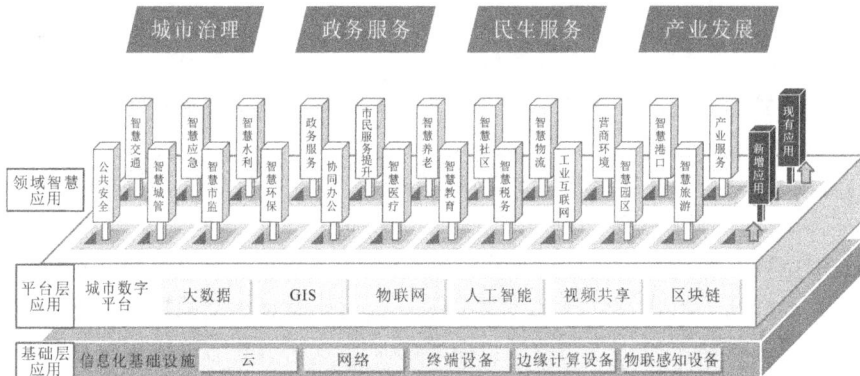

图 10-3　智慧无锡应用架构

10.1.5　智慧无锡数据架构

智慧无锡数据架构自底而上由大数据收集、大数据资源平台、大数据服务和大数据应用四个层次构成。与此同时，大数据治理和管理、大数据生命周期管理贯穿四个层次。数据架构如图 10-4 所示。

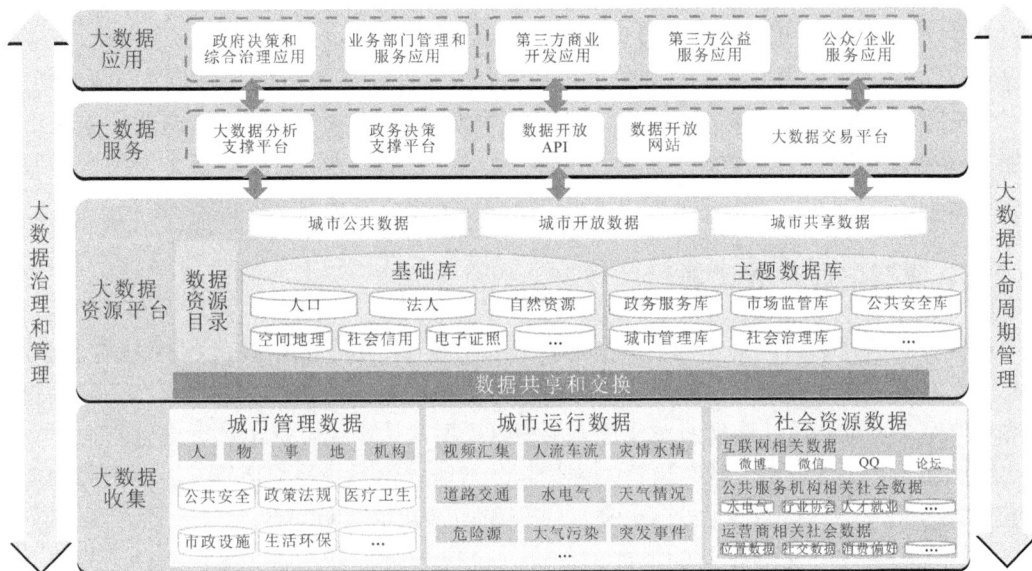

图 10-4　智慧无锡数据架构

10.2　香港智慧城市建设

10.2.1　建设历程

2017 年 12 月，香港创新及科技局推出了《香港智慧城市蓝图》，致力于把香港构建为一个世界级的智慧城市，目标是利用创新及科技应对城市挑战，并提升城市管理成效和改善市民生活素质，增强香港的可持续发展、效率及安全，提升香港对环球企业人才的吸引力以及鼓励不断的城市创新和持续的经济发展。蓝图给出了在智慧出行、智慧生活、智慧环境、智慧市民、智慧政府、智慧经济等六个领域的 76 项措施，是香港智慧城市未来五年的发展规划。

2020 年 12 月，香港创新及科技局推出了《香港智慧城市蓝图 2.0》(以下简称蓝图 2.0)，提出了在智慧出行、智慧生活、智慧环境、智慧市民、智慧政府、智慧经济等六个领域超过 130 项措施，继续优化和扩大当前城市管理工作和服务。蓝图 2.0 的愿景是拥抱创科，构建一个世界闻名、经济蓬勃及优质生活的智慧香港，目标是让市民生活得更愉快、更健康、更富庶，以及让城市更绿色、清洁、宜居，具有可持续性、抗御力和竞争力；让企业可利用香港友善的营商环境促进创新，将城市转型为生活体验区及发展试点；更妥善关注并照顾老年人及青年人，令大众对社会更有归属感，同时令工商界、市民进一步数字化和更通晓科技；减少资源消耗，令香港更加环保，同时保持城市活力、效率和宜居性。对比上一版的蓝图，可以清楚地看到蓝图 2.0 通过新措施的实施让市民更加能够感受到智慧城市建设带来的生活便利，让政府享受到科技创新带来的管理服务效能提升。

10.2.2　智慧出行发展计划

2019 年，香港以铁路为主的公共交通每天载客超过 1260 万人次，这一数据在 2020 年时为 890 万(受疫情影响)。到 2020 年底，香港平均每公里的道路上有 373 辆车。超过 95%的香港市民在搭乘交通、购物消费或外出用餐时采用八达通代替货币进行支付。

针对以上的出行现状，智慧出行发展计划从智能运输系统及交通管理、公共运输交汇处/巴士站及泊车、环境友善的交通运输、智能机场等几个方面开展。

智能运输系统及交通管理的主要工作计划包括全面启用一站式应用程序"香港出行易"，鼓励市民步行或乘坐公交出行；2024 年年初前在政府收费隧道及青沙管制区实施 ETC 系统；在主要道路及所有干线安装约 1200 个交通探测器，提供额外的实时交通资讯；继续在五个路口设置智能感应行人及车辆的实时交通信号灯调节系统，优化分配车辆及行人的绿灯时间；继续推动自动驾驶车辆在合适地点的测试及使用；鼓励公共交通引入新的电子支付系统，保证可靠性，提升易用程度和效率；2022 年完成构建专线小巴实时到站资讯系统，并鼓励公共交通营运商开放数据；试验高科技手段打击违规使用装卸货区、违规停车和其他的交通违规情况；开发启德体育园的人流管理系统，可以在举行大型活动时监测人流和车流；尝试车辆应用地理围栏技术，提升巴士安全；设立 10 亿元智慧交通基金，推动科创研究及应用；开发交通数据分析系统，优化交通管理和提升效率。

公共运输交汇处/巴士站及泊车的主要工作计划包括 2021 年内设立 1300 个有盖巴士站或政府公共运输交汇处的资讯显示屏，显示巴士实时资讯；安装支持不同支付系统的路边停车收费系统，提供实时停车位资讯；继续鼓励公共停车场营运商提供实时停车位资讯，方便驾驶人寻找车位;通过土地租用合同的相关条款,规定公众停车场必须提供实时停车位资讯;2021年开始分批启用自动停车先导项目;在部分不设收费表的路边停车位试行安装传感器,提供实时停车位资讯。

环境友善的交通运输的主要工作计划包括建设"单车友善"的新市镇和新发展区;继续推动"香港好·易行",推行激励政策鼓励市民步行出行;推动"人人畅道通行"计划,在行人通道增加无障碍通道设施;推广新铁路项目,以减少空气污染物和温室气体排放;在本地渡轮上试行绿色科技;推动电动公共小型巴士试验计划。

智能机场的主要工作计划包括在登记柜台、登记证检查站和登记服务中心采用生物识别技术,继续提升无缝机场行程体验;将电子登记服务扩展至机场以外的地方,以及提供行李提取服务,为旅客提供轻松的旅游体验;在部分地点试验自动驾驶车辆;建立香港国际机场的"数字孪生"系统,提供虚拟实境三维机场模型,以更有效地规划设施及建造工程和更妥善地管理运作;应用5G技术提供独立及可靠的无线网络;在港珠澳大桥香港口岸为私家车提供自动泊车系统;在机场运营中采用自动化、影像分析和物联网技术。

以上工作计划的施行,可以给市民提供更加环保的交通工具,改善空气质量和其他环境问题;市民能够利用实时的交通资讯更加有效地规划行程;管理者通过分析城市数据,可以实现更加完善的交通规划和管理等。

图10-5是香港智慧城市蓝图网站上的智慧出行大屏。大屏显示了公主道南行近爱民村到红磡海底隧道出口等地点之间的当前所需行车时间、上月早上繁忙时段、日间非繁忙时段、晚间繁忙时段的平均行车时间,以及西区海底隧道、红磡海底隧道、东区海底隧道等重要位置当前的流量情况。

智慧出行大屏

图10-5 智慧出行大屏

10.2.3　智慧生活发展计划

2020 年 1 月，移动电话的用户拥有量达 283.75%。2020 年 2 月，住户的家庭宽带安装率达 93.7%。2021 年 6 月底，快速支付系统"转数快"的用户量有 837 万个，每天平均港元交易价值有 63 亿元。2021 年 7 月底，香港部署了 41 800 个免费 Wi-Fi 热点。2020-2021年，急症室就诊量有 199 万人次，专科门诊求诊量有 777 万人次，基础医疗服务求诊有 655万人次。2019 年 65 岁及以上人口有 133 万，占总人口的 18.5%(不包括外籍家庭佣工)，到2039 年，该数量预计达到 247 万，占总人口的 32.3%(不包括外籍家庭佣工)。

鉴于以上的现状，智慧生活措施的发展计划主要在善用创新科技应对疫情、Wi-Fi 连通城市、数字支付、数字个人身份、老年人及残障人士支援、支援医疗服务、康乐体育及文化等方面来落实。

创新科技在应对疫情上可以大幅提高疫情控制的能力，香港的主要措施有继续推行使用电子手环及采用电子围栏技术的"居安抗疫"移动应用程序家居检疫系统，支持需要进行家居检疫的抵港人士，已经提供了超过 55 万个电子手环；开发香港健康码支持有序恢复香港与其他地方的往来，已经与广东的"粤康码"、澳门的"澳康码"完成互认工作；2020年 11 月 23 日启用的"回港易"，截至 2021 年 7 月 31 日，完成了超过 23 万人次的返港并获豁免强制检疫；在不同产业和场所推行"安心出行"感染风险通知系统及移动应用程序，截至 2021 年 7 月底，已经有超过 9200 个公私营场地和 18 000 辆的士参与该计划，移动应用程序下载量约 500 万次；继续推广使用非接触式付款；使用机器人及先进技术对机场客运大楼进行巡视、清洁、消毒和环境监测；推进健康申报流程电子化；持续扩大医院管理局的"HA Go"移动应用程序功能，包括网上门诊预约及付款和为特定病人提供视频通话以及远程应诊；设立 4000 万元法律科技基金，鼓励及支持法律界利用科技提供法律服务；开发空间数据共享平台并设立地理空间实验室；提升"智方便"应用程序以推动在金融及其他行业更广泛使用电子付款及开设账户。

在 Wi-Fi 连通城市方面，从 2021 年 4 月起，已为 23 个乡公所提供了免费 Wi-Fi 服务，并将陆续推广到 100 多个乡村处所；将为福利服务单位提供 Wi-Fi 服务先导计划。

在数字支付方面，将围绕"转数快"快速支付系统进行推广，包括七个政府网页上的缴费服务到 2022 年接受"转数快"方式付款，另外有七个政府部门计划于同年 11 月使其指定缴费的柜台和自助服务机支持"转数快"方式。还将继续推动零售业基于一套公用的二维码标准采用更广泛的移动支付方式。

在数字个人身份方面，通过"智方便"一站式个人化服务平台，可以方便居民使用数字政府服务以及进行商品交易。利用"智方便"精简运输牌照的服务，截至 2021 年 6 月，已经完成提升 11 项现有网上牌照申请服务。

在老年人与残障人士支援方面,将继续推行 10 亿元的乐龄及康复创科基金,资助试用、租借或购置科技产品;设计、建立及营运包容多方参与的"乐龄科技平台",增强协同效应。

支援医疗服务的工作包括发展香港基因组医学,发挥其在准确诊断、个人化治疗和监测疾病方面的巨大潜力;研究使用科技和物联网设备等科技手段在远程医疗中的应用;探讨利用区块链技术提升药剂制品的可追踪性,分辨药物供应的行业及季节模式,促进有效的药物回收。

康乐体育及文化方面的工作包括分两期开发全新的智能康体服务预订信息系统,系统的核心功能有设施预订、活动报名、账户登记及管理、电子缴费及移动应用程序、设置在康乐场地的智能自助服务站、团体预订申请、度假营地分配、健身室管理、水上活动中心设施管理等;开发智慧图书馆系统;应用物联网等技术提升在只有微弱或无网络覆盖的偏远地区追踪远足人员位置的能力。

以上工作计划的实施,将在免费 Wi-Fi 服务、移动支付、数字身份、电子交易、电子政务等方面取得较好的效果,利用更多的科技应用为老年人、残障人士服务,新的科技也将在医疗技术方面取得较好的成效。

图 10-6 是香港智慧城市蓝图网站上的智慧生活大屏,统计了男性、女性出生时平均预期寿命的实际值与预计值,65 岁及以上人口的分布,各医院急诊室当前的等候时间,人口数目及年龄结构的实际与预计分布,各年份的总和生育率,各年份的医疗卫生总开支等信息。

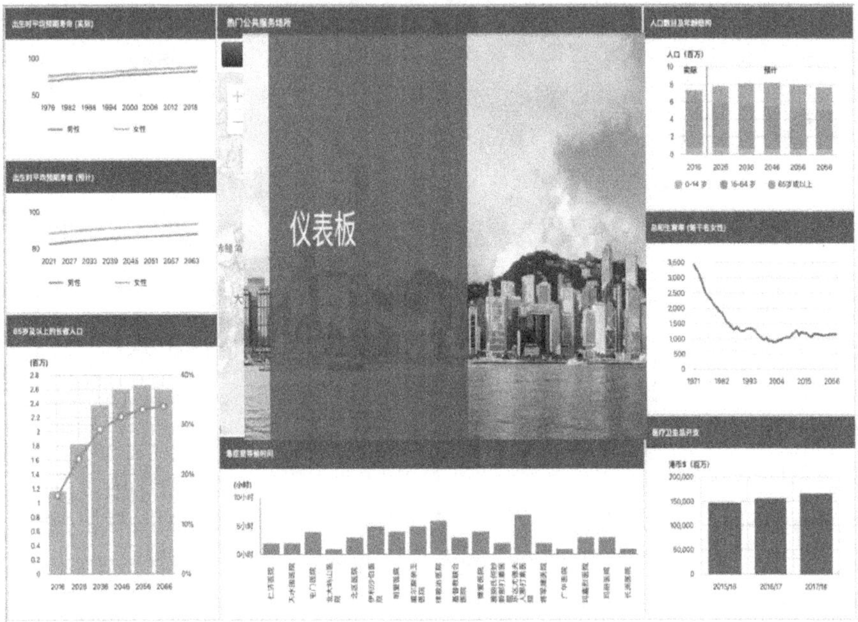

智慧生活大屏

图 10-6　智慧生活大屏

10.2.4　智慧环境发展计划

2015 年，香港建筑物占用电量约 90%。2015—2019 年度，达到政府建筑物用电量减少5%的目标。2019 年，碳强度比 2005 基准年减少 35%，66%的碳排放源自发电，回收约 164万吨城市固体废物。

根据以上的环境现状，智慧环境发展计划包括规划《香港气候行动蓝图 2030+》、绿色及智慧建筑和能源效益、废物管理、污染监测、环境卫生等五个方面。

《香港气候行动蓝图 2030+》是要通过推行各项减碳措施，到 2030 年把碳强度由 2005年的水平降低 65%至 70%，并争取在 2050 年前实现碳中和；用天然气或非化石能源逐步替代燃煤发电，并减少煤在发电燃料组合中的比例。公营单位带头使用成熟的技术，更广泛更有规模地使用可再生能源；在社区进一步推广新能源和增强居民节能意识，重点推广建筑物的节能工作；分阶段推行其他碳排放措施。

在绿色及智慧建筑和能源效益方面，继续推行 2020 年 10 月推出的 20 亿元的三年期"EV屋苑充电易资助计划"，在现有私人住宅楼宇停车场安装电动车充电设施，截至 2021 年 7月，已经收到 460 份申请，涉及超过 10 万个停车位；采用超声波等先进的污泥预处理技术以提高污水处理设施内的可再生能源的利用；在部分新出售地段施行有助于发展绿色和智慧社区的规定，如设计绿色建筑，提供智能水表系统、电动车充电设施、实时的空车位信息等；推广使用 LED 灯，在 2022 年年底前更换所有 4500 只高价及路边道路标志泛光灯，每年更换 6500 只路灯和 1500 只行人天桥和行人隧道灯。

废物管理的主要工作是推行智能回收系统计划以提升社区废物回收水平，计划包括开发一套标准的应用程序编程接口及建立一个共用的通信平台，方便不同技术商参与香港的智能回收网络。

污染监测方面的计划包括使用无人船在水塘进行水质监测，使用遥测感应装置监测空气污染，实时地对浮游植物进行监测，通过预防性规划实施噪声缓解的设计等。

环境卫生的计划包括利用智慧灯杆等新设施、新科技手段提升环境卫生工作，推出"智慧厕所"计划并在公厕应用科技手段，推出利用物联网传感器防治鼠患的试验计划，研究利用科技手段改善虫鼠防治工作等。

以上措施的施行可以让市民享受更好的空气质量，拥有更多智能且节能的绿色建筑、提高能源效益和节约能源，减少家居和工作产生的日常废物量。

图 10-7 是香港智慧城市蓝图网站上的智慧环境大屏，给出了当前的温度、相对湿度、平均紫外线指数、不同区域的当前空气状况、九天天气预报、各区域过去一小时的雨量记录等信息。

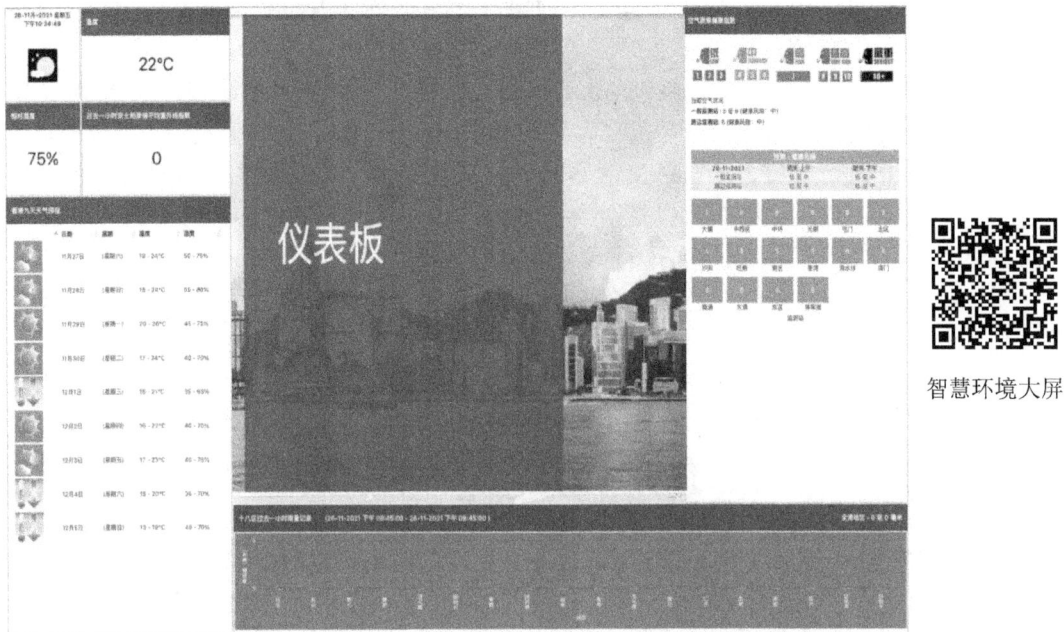

智慧环境大屏

图 10-7　智慧环境大屏

10.2.5　智慧市民发展计划

　　香港当前的市民教育包括幼儿园、中小学、大学、公务员各类科创培训等类别。香港约有 90%参加幼儿园教育计划的半日制幼儿园无需收取学费，提供 12 年免费中小学教育。在 2019—2020 学年，有 60%的高中学生修读最少一科与 STEM 相关的选修科目，所有学生均要修读数学这一必修科目；共有 86 867 名学生修读大学教育资助委员会(以下简称教资会)资助的学士学位课程，11 251 名学生修读教资会资助的研究院修课及研究课程。共有 8 所由政府经教资会资助的大学。在 2020—2021 年度，约有 62 000 名公务员参加了各类科创有关的培训。2019 年，投入本地研发的开支达到了 263.33 亿港元。

　　鉴于以上市民教育现状，智慧市民发展计划将主要针对培育青年人才以及创新创业文化来实施。

　　培育青年人才的计划主要包括面向全港公办中小学推行 IT 创新实验室，加强培训中小学生课程以外的信息科技知识；与其他地区的著名机构合作来提升研发能力；通过"研究人才库"，鼓励企业雇佣 STEM 毕业生从事研发工作；吸引和挽留生物科技、数据科学、人工智能、机器人和网络安全等科创专业人才；协助大学联合计算中心应用区块链技术建立教育学历验证平台；推出"粤港澳大湾区青年科创产业实习计划"，为香港青年在内地顶尖科技企业的总部提供优质的实习机会。

创新及创业文化的计划中，将从 2021 年起日常化实施科创实习计划，截至 2021 年 7 月底，超过 2500 名学生和 1300 家公司和机构参加了该计划；为青年创业家和初创企业提供财政和非财政支持，建立更加浓厚的科创文化氛围；扩大香港科学园的培育计划及数码港的共用工作间；吸引风投资金支持本地科创企业的发展；加强公务员在应用科技方面的培训。

以上措施的落实，将使香港更多学生以 STEM 作为学术和专业发展领域，能够为本地提供科技人才和从业人员，支持科创发展；将会培养出更多成功的新企业创业者。

图 10-8 是香港智慧城市蓝图网站上的智慧市民大屏，统计了按照教育程度划分的从事与信息科技相关职务的就业人数、各年度研发人员数对比、各年度教资会资助课程的全日制学士学位人数、各年度按照教育程度划分的学生人数、各年度按照教育水平划分的教育和培训机构、各年度政府在教育方面的开支等信息。

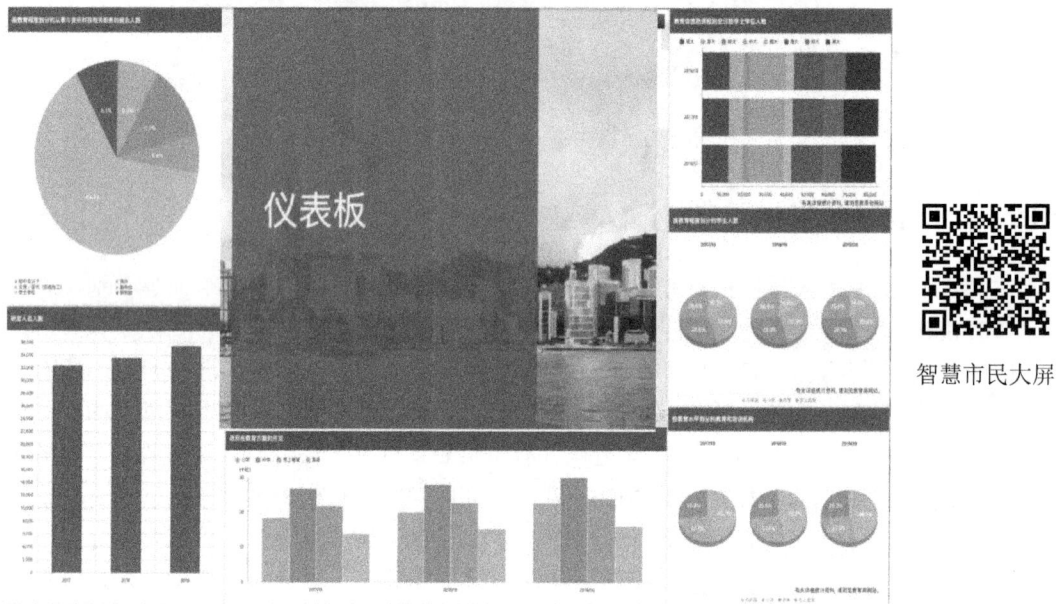

智慧市民大屏

图 10-8　智慧市民大屏

10.2.6　智慧政府发展计划

香港的"资料一线通"网站目前已经收集了超过 4690 个数据集，提供了 1800 个应用程序编程接口。"香港政府一站通"是政府一网通办的入口网站,提供了约 850 项电子服务,方便市民搜索和使用公务部门提供的信息和服务。2018—2019 年度,政府的信息和通信科技开支预算达 100 亿港元。

智慧政府的发展计划包括开放数据、智慧城市基础建设和科技应用三个方面的措施。

开放数据的工作计划是继续按照 2018 年的政策推广公私营机构的相关数据,截至 2021 年 7 月底,已经在 2021 年开放 150 多个新的数据集。

智慧城市基础建设的工作计划将在 5G、智慧灯杆、云服务、大数据分析平台、网络安全、物联网等方面开展。香港的 5G 先期发展计划于 2019 年 3 月开始,2020 年 5 月开始资助公私营机构采用 5G 技术,2021 年第四季度拍卖 325 MHz 低中频带频谱。2019 年 12 月,香港推出"香港政府一站通"聊天机器人,已经处理超过 210 万条查询,接下来还将采用"智方便"平台实现共同登录,利用聊天机器人等技术提升电子化服务。推行的多功能智慧灯杆将用来收集实时的城市数据,用以优化城市管理和其他公共服务。新的大数据分析平台将用于政府部门的数据交换和实时分享。采用新一代政府云基础设施,与政府部门、科技服务供应商和其他第三方进行合作,提供数字政府服务。通过公有云服务的使用来提升政府部门的工作效率,提供灵活的电子服务。2022 年第一季度开始,将通过开发电子资料提交及处理系统来处理建筑图纸,该项工作预计在 2025 年第二季度全面推行。通过促进参与者之间的协作来提高政府的网络安全能力,提高社会对网络安全的认知和应对能力。各种低功耗广域网技术将应用于政府物联网中来加强城市管理能力。

科技应用的工作计划包括智慧政府创新实验室的推广,城市科创大挑战,机电科创网上平台的推广,"精明规管"计划下的电子方式提交材料,"精简政府计划"的申请和批核改革,工程监督系统的数字化,智慧供水的措施,智慧监狱的改良,"智慧海关蓝图"的实施,新一代个案简易处理系统的使用,基于 RFID 的物联网技术简化危险药物的处理、补给和采购程序,楼宇渗水调查的先进科技使用,基于机器人技术的地下排水系统检修和水管检测,智能水底机器车在污水处理厂的使用,现金发放计划的信息系统使用等。

以上措施的落实,可以使市民能够更广泛、更便捷地使用数字公共服务,享用基于开放数据的创新应用和服务以及数字孪生技术和空间数据共享平台带来的效率提升。

图 10-9 是香港智慧城市蓝图网站的智慧政府大屏,列出了开放数据的提供机构数量、数据接口数量、政府电子表格数量、整体拨款支付推行的核准资讯科技项目数量、各年度政府收入和开支情况、各年度政府在信息及通信科技上的开支情况、"香港政府一站通"的网站及页面浏览次数的统计等信息。

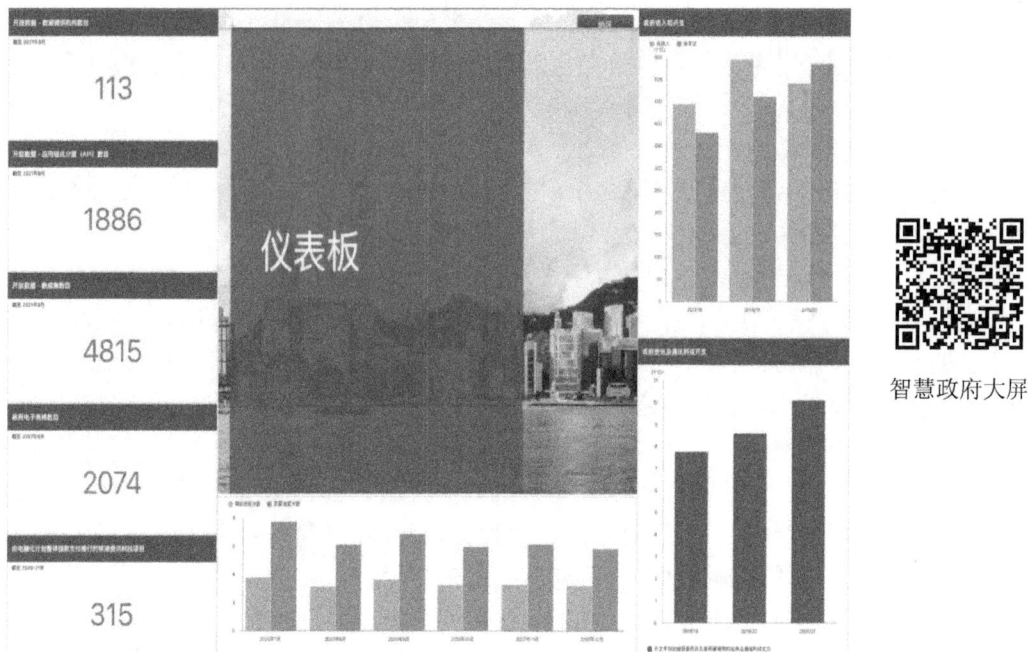

智慧政府大屏

图 10-9　智慧政府大屏

10.2.7　智慧经济发展计划

2018 年香港的本地生产总值为 28 430 亿港元，人均生产总值为 381 544 港元。2019 年，有 1580 万个网银账户，每个月网上银行交易额达 10.9 万亿港元。2019 年平均每位香港市民拥有 2.6 张信用卡，每天的信用卡交易总额达 230 万笔，共 21 亿港元。

智慧经济的措施包括金融科技、智慧旅游、法律科技、推动研发和再工业化、促进创新及新经济发展六个部分。

金融科技的工作计划包括区块链技术在贸易融资、跨境联通、保单认证等领域的持续推动，对虚拟银行运营情况的监察，对银行业及科技公司在开发和使用 API 接口的监察，加快处理采用全数字形式的分销渠道经营的新保险公司的授权申请，开发"积金易"平台供强制性公积金计划的管理服务，持续推行"银行易"措施以简化开设银行账户、网贷等监管要求。

智慧旅游的工作措施包括智能机场、Wi-Fi 连通城市计划和智慧灯杆的使用提升旅客体验，推广"城市景昔"项目以丰富旅客在港体验，鼓励旅游业使用创新科技增强竞争力，优化智慧旅游平台等。

法律科技的工作主要是通过网上平台的构建为客户提供便捷、低成本的法律服务。

推动研发和再工业化的工作计划包括引进国际知名大学、研发机构和科创公司来设立重点科技合作平台，减少研发机构的税收以吸引公司增加科研投资，建成数据技术中心、先进制造中心，与深圳合作开放本地、国际及内地科创企业、大学和研发中心。

促进创新及新经济发展的计划包括通过"科技券"鼓励本地企业和机构采用科技服务或方案提高运营效率，探讨使用新科技和新兴技术标准以促进公司认证，清除和更新妨碍创新及新经济发展的条文。

以上措施的实施可以使香港成为科技投资的首选地、全面落实创新营商的理想地、创新和先进科技的旅游目的地。

图 10-10 是香港智慧城市蓝图网站上展示的智慧经济大屏，给出了综合消费物价指数按年变动百分率、失业率、"转数快"港元交易量、"转数快"账户绑定识别码登记记录、薪俸税分布百分比、四个主要行业（贸易及物流、金融服务、专业服务及工商业支援服务、旅游服务）占本地生产总值的比率、本地生产总值、研发开支相对本地生产总值的比率等信息。

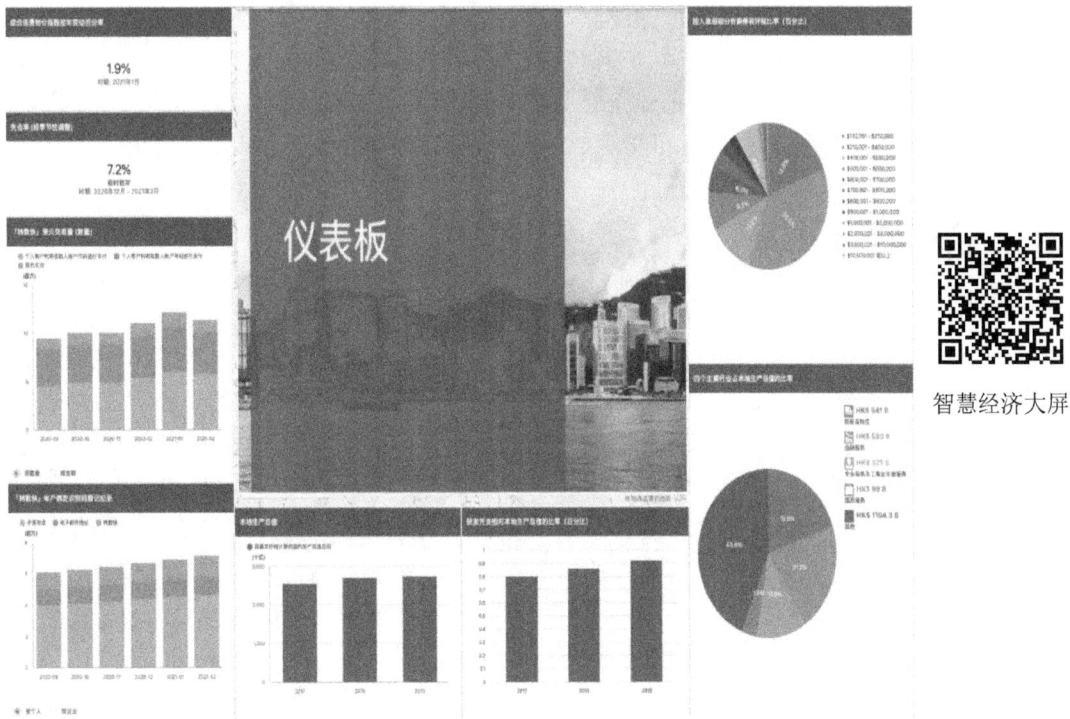

智慧经济大屏

图 10-10　智慧经济大屏

10.3　新加坡智慧国家建设

10.3.1　建设历程

新加坡是全球最早致力于智慧国家建设的国家之一，早在 2006 年和 2014 年就先后启动了"智能国家 2015"计划和"智慧国家 2025"计划。2021 IMD 智慧城市指数排行榜中，新加坡在 118 个城市中持续三年保持榜首的位置。该排名的依据是城市居民对科技如何改善生活的看法以及联合国人类发展指数(HDI)的经济和社会数据。

"智能国家 2015"计划的目标是到 2015 年，信息通信技术(ICT)得到广泛利用，以促进创新、整合(快速有效地利用不同组织和地域的资源和能力)和国际化(充分融入全球经济)。该战略由方案和倡议组成，分为四个部分，包括建立超高速、普及、智能和可信赖的 ICT 基础设施；发展具有全球竞争力的 ICT 产业；发展具备信息及通信科技知识的员工队伍及具备全球竞争力的信息及通信科技人才；带头改革政府和社会的九个关键经济部门，更加先进和创新地使用 ICT。2015 年的总体规划是一个跨部门的工作，涵盖关键的经济部门、政府和社会，具体包括数字媒体和娱乐部门、教育和学习、金融服务、医疗保健和生物医药科学、制造和物流、旅游、酒店服务和零售、陆地和运输、政府和社会。

在"智能国家 2015"计划中，对物联网技术的应用非常广泛，丰富了各种数据的采集，改善了城市流动性、可持续性和态势感知。在交通领域，新加坡推出了高速公路健康及信息发布系统、公路电子收费系统、智能地图系统等多个智能交通系统。在教育领域，利用 ICT 鼓励学生主动参与和互动，提升学习的关注度。在医疗领域，推出了包括全国电子健康病历系统、个人健康记录计划、远程合作征求计划在内的综合医疗信息平台。"智能国家 2015"计划的实施提升了公共与经济领域的生产力和效率，新加坡也得以成为全球信息通信业最为发达的国家之一。

"智慧国家 2025"计划是"智能国家 2015"计划的升级版，在强调 ICT 广泛应用的同时，更加注重数据共享的方式，发挥人的主观能动性，实现更加科学的决策，使政府的政策更具有前瞻性。该计划是新加坡国家建设下一阶段不可或缺的组成部分，需要借助数字革命带来的机遇来实现国家的继续繁荣并与世界发展保持同步。

图 10-11 是新加坡从 20 世纪 80 年代到现在的信息技术发展历程概述，包括电子信息化、网络时代、手机时代、云时代、机器学习时代等 5 个重要的历程。

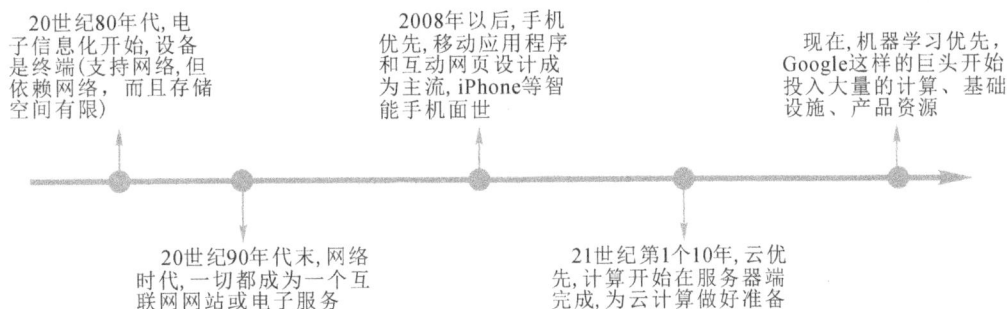

图 10-11 新加坡信息技术发展历程

10.3.2 智慧国家总体框架

图 10-12 是新加坡智慧国家的总体框架,在人才与人力、数据、网络安全的基础之上,按照新加坡智慧国家转型的需求制定了数字经济行动框架、数字政府蓝图、数字化储备蓝图三个计划。数字政府蓝图旨在为数字经济和数字社会提供合适的环境和驱动力;数字经济将与数字政府紧密合作以满足政府的数字化服务能力和国家转型所需的产业能力。

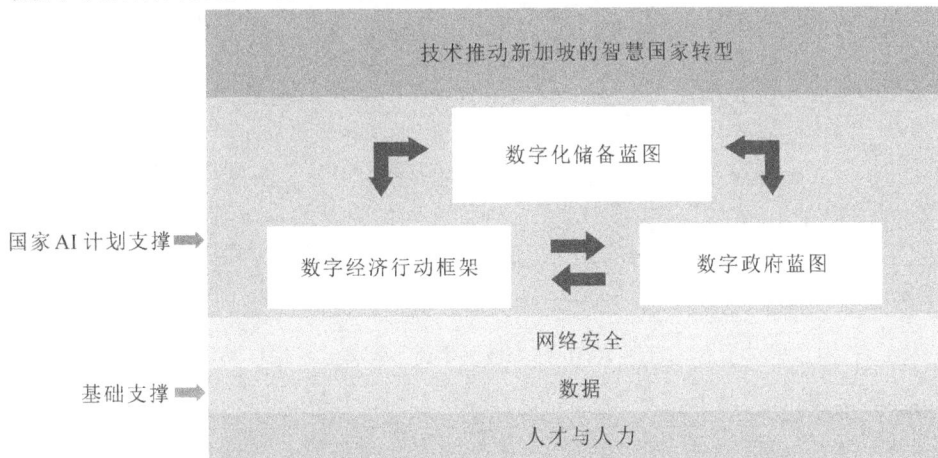

图 10-12 智慧国家总体框架

10.3.3 智慧国家的三大支柱

新加坡的目标是成为一个世界级科技驱动的城市国家。新加坡正在将自己转型为一个智慧国家,利用数字技术改变人民的生活、工作和娱乐方式。新加坡智慧国家的三大支柱包括数字社会、数字经济和数字政府。

1. 数字社会

数字社会赋予每个人公平的机会，目标是让每一个新加坡人都能从科技中受益，成为数字社会的一部分。图 10-13 给出了数字化储备蓝图的总体内容，其以个人和企业为入口解释了新加坡政府的数字化储备四项重点策略，包括让每个新加坡人都能接触到科技；改善新加坡人的数字素养；使社区和企业能够推动技术的广泛应用；设计包容性的数字服务。

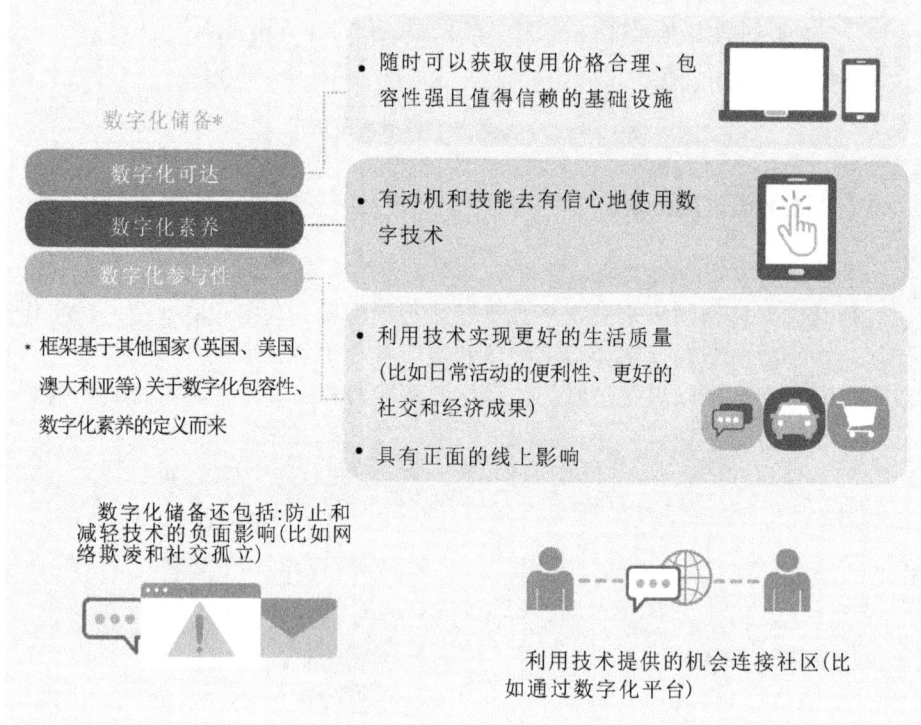

图 10-13　数字化储备蓝图

2. 数字经济

数字经济利用最新的技术使流程数字化，并推动业务增长。这不仅吸引了外国投资，也为新加坡人创造了新的就业机会。新加坡有利的营商环境、优良的科技基础设施、与亚洲主要经济体系的紧密联系以及有充足的投资，使其能够发展强大的数字经济。数字经济行动纲领确定了三项主要策略，包括通过数字化工业和企业加速经济增长，构建一个集成生态系统，帮助企业保持活力和竞争力，使信息通信传媒产业转变成为数字经济的关键增长动力。

图 10-14 给出了新加坡数字经济行动框架，其目标是成为不断进行自我创造的领先的

数字经济体。在行动框架的指导下，新加坡的数字经济转型集中在三个优先策略上，即加速产业数字化、完成集成生态系统、改革数字产业化。这三个优先策略得到了四个促成因素的支持，包括人才，研究与创新，政策、规范与标准，物理设施与数字设施。

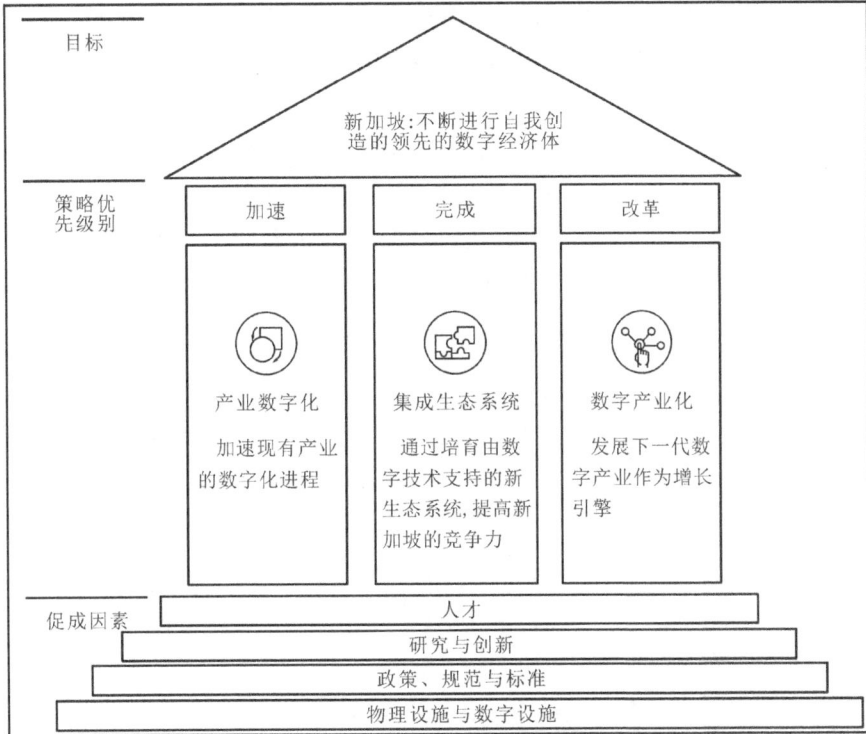

图 10-14 数字经济行动框架

在产业数字化方面，将加快产业数字化进程，支持企业和工人在运营和工作场所更深入地使用技术。在经济部门中加快数字应用将有助于改善地位，公司将抓住增长机会，提高劳动生产率，并促进经济增长。

在集成生态系统方面，数字化让行业界限变得越来越模糊。借助于数字平台，客户可以根据自己的需求自主设计产品和服务，从而形成新的商业生态系统和市场中介。这些新的生态系统将成为未来工业的基础。新加坡的目标是为这种综合生态系统的发展创造有利的环境，支持企业创新和发展，使其在全球市场上具有竞争力。

在数字产业化方面，对于新加坡实现数字经济目标至关重要的是强大的信息通信媒体行业具有竞争力和活力。政府将继续与本国信息通信媒体合作，改造信息通信媒体行业，培育下一代数字冠军，并将该行业发展作为新加坡未来经济增长的关键引擎。

在人才方面，必须加大人才开发力度，从而不断提升技能、重新培养技能并提高整个经济体劳动力的数字化能力。研究与创新将使企业获得竞争优势，然而动员他们通过创新来建立一个创新社区需要付出巨大的努力。政策、规范和标准将在新加坡数字经济转型方面发挥核心作用。政府必须确保政策和监管环境具有全球竞争力并适合数字世界，以确保新加坡仍然是人才、资本和创意的中心。数字经济中数据流动的爆炸式增长，以及由不断发展的新技术支持的平台和数字业务的兴起，将要求新加坡不断确保物理和数字基础设施的稳健发展。

3. 数字政府

数字政府的愿景是"以数字为核心，用心服务"。数字化是政府通过为所有人设计包容、无缝和个性化的政策和服务，以更大的信心为公民服务的有效手段。

图 10-15 是新加坡数字政府的蓝图，包括数字政府服务对象、如何成为数字政府和数字政府应该具有的元素这三个部分，涵盖了 14 个要点。

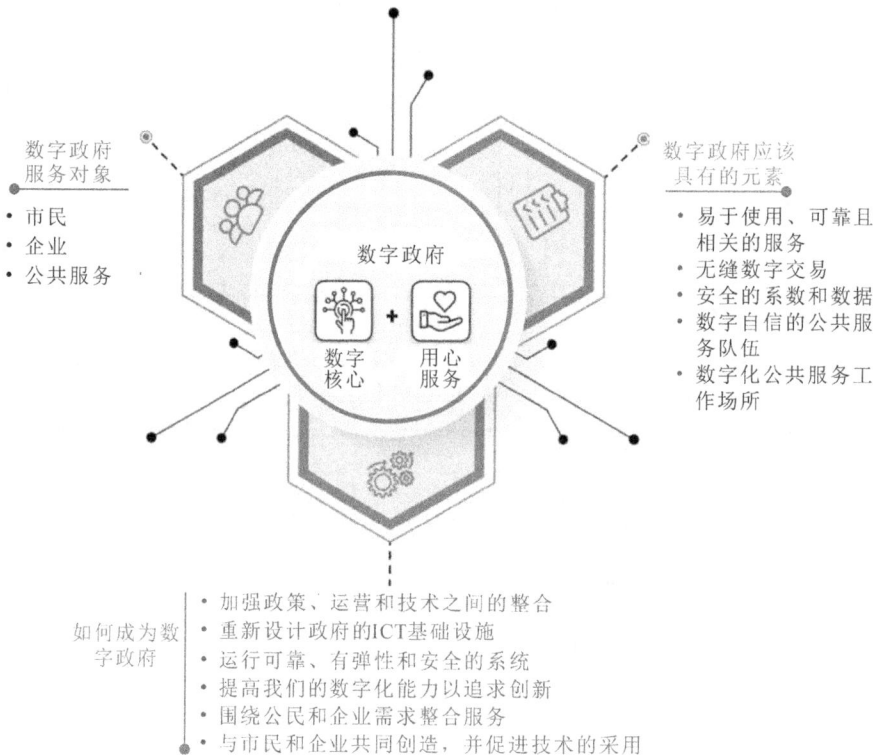

图 10-15　数字政府蓝图

从 2018 年到 2020 年，更深入、更广泛的数字化对数字政府产生了以下四个关键影响：

(1) 深入了解"以数字化为核心"和"用心服务"的含义。政府将更加努力地使用数字化来创建更加个性化的政策，这些政策可以很容易地根据用户行为进行调整。这将使政府能够更有效地满足公民的需要。目前政府已经开始使用新的数字平台，比如 LifeSG。

(2) 把公民的需要放在第一位。蓝图的战略已经更新，更加强调用户的需求，改善大家的工作、生活和娱乐方式，采用了新技术，如人工智能。

(3) 设立目标，以实现政府近期的规划。新 KPI 是到 2023 年，至少 70%符合条件的政府系统将托管在商业云上。

(4) 根据 COVID-19 设定未来方向。疫情为政府机构数字化提供了新的动力，包括对组织政策、结构和文化进行更深入的变革。

新加坡政府还设定了 2023 年及以后的目标，包括所有公职人员都具备基本的数字素养技能，所有家庭至少有 1 个人工智能项目用于服务交付或政策制定，每年至少要完成 10 个跨机构的高影响力数据分析项目，跨机构项目数据共享时间不超过 7 个工作日。

10.3.4　智慧国家的"八大国家战略项目"

新加坡政府已经确定了八个关键的国家战略项目，以推动和促进整个新加坡采用数字和智能技术，这些项目也是实现智慧国家这一愿景的基础。图 10-16 给出了国家战略项目示意图。

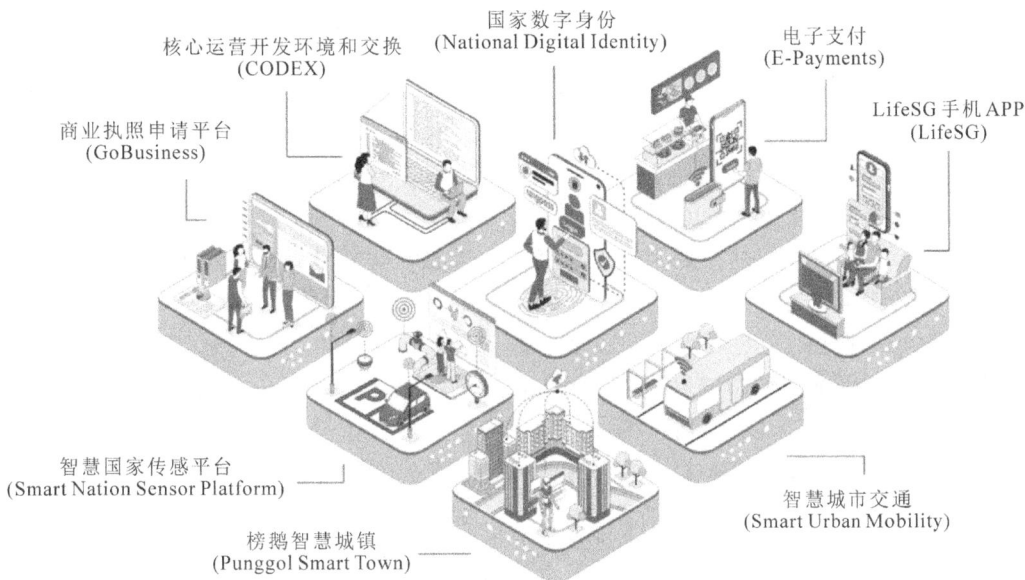

图 10-16　国家战略项目示意图

1. GoBusiness

GoBusiness 是新加坡企业获取政府电子服务和资源的首选平台。对于一家企业来说，在不同的政府网站上搜索申请资助和许可证，不仅成本高昂、耗时长，结果还不尽如人意。为了使这种业务更加容易，政府综合了授权和许可证的申请，并在两个门户上提供这些申请服务，分别是业务资助门户和 GoBussiness 许可证门户。

业务资助门户是企业申请资助的一站式服务平台，不再需要分别与不同的政府机构联系，或者为每个资助金申请时重复提供相同的信息。GoBusiness 许可证门户允许企业轻松地申请、修改、更新或终止来自多个机构的许可证，帮助它们节省宝贵的时间。

2. CODEX

CODEX 全称为 Core Operations Development Environment and eXchange(核心运营开发环境和交换)，是政府机构和私营部门之间共享的数字平台，以开发更好、更快和更具成本效益的数字服务。该平台包括通用标准和格式的政府数据架构，使机构能够共享数据；将不太敏感的政府系统和数据转移到商业云服务，并利用这些资源更好地开发数字服务；新加坡政府技术栈包括一套共享软件组件和基础设施，以支持更高效、更专注地构建数字应用程序。

CODEX 是可扩展和可靠的，它为公共和私营部门共享可重用的数字组件提供了一个简单的方法，包括机器可读性、中间件和微服务。拥有这些通用工具和标准有助于减少 bug 并提高服务的质量和安全性。通过 CODEX，开发者有许多机会去探索和开发新的产品和服务，这些产品和服务可以极大地改善用户与政府、企业与企业之间的交易和沟通方式。

3. 电子支付

如今，电子支付(E-Payments)是一种简单、快捷、无缝和安全的数字交易。随着这类交易日益增加，电子支付将日益成为每个人(不管是公民还是企业)的重要支付方式。

新加坡为推动电子支付的使用，已经经历了 6 个重要的节点。2014 年，启动快速安全的传输计划，为使金融交易对所有人来说更加无缝和高效，建立了一个简单和安全的平台，跨越各种系统进行操作。2017 年，PayNow 开始推行，通过输入一个手机或 PIN 码，促进参与银行与客户之间的实时点对点转移。2018 年，政府开始与 PayNow 合作，允许企业和政府机构使用一个独特的实体号码即时支付和接收资金。2018 年，政府推广支付基础设施，包括 200 间咖啡店、25 个小贩中心和 20 个工业食堂，使交易变得更为方便。2018 年，有了新加坡快速响应(QR)码，商家只需要一个 QR 码就可以接受来自不同服务提供商的移动支付。2021 年，为消费者和企业提供了更多的选择，金融交易变得更加方便。

4. LifeSG

LifeSG 提供个性化政府服务及资讯，这个应用最初被称为 Moment of Life，于 2018 年

6 月推出，该模块用于支持有小孩和老人的家庭。2020 年 8 月，这款应用更名为 LifeSG，并增加了一些新功能，可以为新加坡人更好地服务。LifeSG 让用户方便地使用政府服务、了解最新消息和最新资讯、追踪个人申请等。LifeSG 的主要功能包括浏览各种服务、创建个人仪表盘、数据保护及保障。

LifeSG 为用户提供超过 40 项政府服务，方便快捷。LifeSG 信息按照感兴趣的主题进行分组，比如家庭和育儿、工作和就业、医疗保健和住房以及房地产，方便用户浏览，更多的服务也将逐步增加。用户使用 MyInfo 设置并创建个性化仪表板，以便接收所需的信息，用户也可以通过家庭计算机等浏览推荐内容、实用指南及政府福利。LifeSG 遵守《公共部门治理法》管理公共部门内的数据共享和保护。为了确保用户的资料安全，该系统设有以下技术保障：为所有数据传输加密；强制使用 Singpass 登录作为访问服务的必须要求；检查未经授权的登录；通过定期的行业标准测试运行该平台。

5. 国家数字身份

随着越来越多的政府服务转移到网上，构建一个安全且易于访问的数字生态系统是至关重要的。国家数字身份(National Digital Identity，NDI)倡议的 Singpass 为公民和企业用户提供了一个方便和安全的平台，以便与政府和其他私营服务提供商进行交易。Singpass 于 2003 年推出，是一个个人认证系统，方便用户在网上享受多项政府服务。用户可以使用指纹、面部识别或 6 位密码通过 Singpass 应用程序方便、安全地登录数字服务平台。Singpass 应用程序还引入了双因素认证(2FA)方法，如通过人脸验证和多用户 SMS 2FA，以及短信一次性密码认证(OTP)。这些系统提供了额外的安全保护层，以更好地保护用户的个人数据，并允许人们在任何地点、任何时间进行交易。Singpass 应用程序逐步改进功能，方便日常交易。

目前 Singpass 的功能包括一键访问常用的政府数字服务，如检查个人的公积金余额，申请 HDB 公寓，使用网上银行或管理保险政策；便于使用电子身份；政府机构通过收件箱功能及时发出警告，例如国家出入境登记局的重新登记或护照续期；通过扫描二维码对文档进行数字签名，不需要用户亲自到场签署文件和协议。

MyInfo 服务可自动填写网上表格选定的个人资料，减少使用者重复提供相同资料。通过点击 Retrieve MyInfo 按钮，能够检索所需的数据字段。作为这项服务的延伸，MyInfo Business 可以自动填写来自政府的数据，例如企业简介、财务表现和拥有权资料。这项服务还可为私营机构提供服务，如开设公用事业公司账户和申请中小企业贷款。

企业可以使用 Login 进行身份验证，客户可以不再记住另外一组凭据。迄今为止，已有超过 50 家私营机构利用登录系统作为认证网关，其中包括华侨银行、保诚保险、全国职工大会联盟、收入保险、新加坡交易所、新加坡雇主联合会和 JustLogin 人力资源软件。

开发者和合作伙伴门户网站为开发者和企业提供了一个沙箱环境，以快速原型化数字创新，他们可以使用 MyInfo 访问可用的数字服务来实现这一点。

6. 榜鹅智慧城镇

榜鹅智慧城镇(Punggol Smart Town)项目是一个综合的计划，以鼓励创新的互动，可以产生创造性的想法和解决方案的社区和行业。这个计划的核心是将学术界、工业界和社区结合在一起，创造一个生活、工作和娱乐的智能空间。

新加坡理工学院的新校区紧邻裕廊集团的商业园区，促进了产业和学术界的互动。这种协作环境希望鼓励学生和专业人士追求创新的想法，这些想法可以很容易地被智慧城镇的企业原型化、测试和采用。智慧城镇将容纳推动数字经济的关键增长部门和企业，如网络安全和物联网。预计这将为榜鹅及整个东北地区带来大约 2.8 万个令人兴奋的就业机会。通过公共空间和高科技社区设施，智慧城镇将通过绿色通道与榜鹅海滨相连，满足社区休闲娱乐的需要。

7. 智慧国家传感平台

该平台是一个集成的全国性的传感平台，使用传感器收集基本数据，可以进行分析，以创建智能解决方案，包括追踪水的使用和泄漏、泳池防溺水监测、老年人紧急呼救按钮、智能灯杆等功能。

2018 年底，政府完成了一个无线传感器网络试验，从雨花小区 500 多个传感器收集智能水表发送的水量数据。结果显示，这些智能水表可以通过手机应用程序提供近乎实时的用水量数据和检测水泄漏，从而帮助家庭节约用水。2016 年在榜鹅进行的早期试验也显示了类似的令人鼓舞的结果。这个试验可以帮助家庭通过及早发现渗漏和养成良好的节水习惯，节省约 5% 的用水。

政府正在公众游泳池进行一项试验，利用计算机视觉技术监测可能发生的溺水事故。该系统可以提醒救生员，以便他们能够更快地对遇险泳客和有需要的人作出反应。

截至 2021 年 4 月，已有超过 5600 名居住在租住大厦的老年人在公寓内安装了个人警报按钮，这使得他们可以在需要的时候请求紧急帮助。一旦发出警报，警报将送往高级活动中心，工作人员可以迅速评估情况。

政府从 2019 年开始在 Lamppost-as-a-Platform 进行试验，在灯杆上安装传感器，收集空气质量、降雨量和人流量的数据。所收集的数据用于有效的城市规划，例如为行人设计更安全的人行道路。政府还计划收集环境数据，以了解环境如何受到全球变暖的影响。

8. 智慧城市交通

作为一个人口不断增长的土地稀缺城市，新加坡需要一个高效的交通基础设施来平稳运行，这就是为什么政府将智慧城市交通作为国家战略项目之一。它利用数字技术寻找智能解决方案，以改善公共交通系统，并提供更高的舒适性、便利性和可靠性，实现缩减汽车数量的政府愿景。

通过分析从通勤者车费中获得的匿名数据，陆地运输管理局(LTA)可以轻松地识别通勤者的热点，这有助于他们更好地管理公交车队，提高公交系统的效率。这些数据还提供了哪些公交线路更受欢迎的信息，使得 LTA 和公交运营商更容易满足通勤者的通勤需求。

使公共交通系统更具包容性，是政府的首要工作之一。政府正在探讨使用免提收费闸，让老年人、有小孩的家庭及行动不便的乘客无须在读卡机上刷卡，便可快速进出车站及巴士。

目前，政府正在进行多项试验以了解如何利用技术更好地连接城镇和提升通勤者的出行便利性，特别是关注老年人和残疾人的行动需求。这些试验将帮助政府评估自动驾驶或自动驾驶汽车的可行性，以及如何帮助改善高峰时间或深夜的通勤服务体验。

10.3.5　国家人工智能战略

作为一个智慧国家，新加坡不仅仅想要在技术的使用方面领先，其目标是从根本上重新思考商业模式，以便政府能够作出有影响力的改变，提高生产率，并创造新的增长领域。到 2030 年，新加坡将成为开发和部署具备可扩展性、有影响力的人工智能解决方案的领导者，这些解决方案对公民和企业具有高价值和相关性。

国家人工智能战略概述了政府深化使用人工智能改造经济的计划，包括需要在国家层面聚焦的领域和资源；阐述政府、企业和研究人员如何携手合作，实现人工智能的正面影响；处理需要注意的领域以管理变化和/或管理在人工智能变得更普遍时出现的新形式的风险。

1. 为持续的人工智能创新建立一个充满活力的生态系统

为了推动人工智能的创新和应用，必须建立一个充满活力和可持续发展的生态系统。为此，确定了以下五个关键的生态系统促成因素：

(1) 研究界、工业界和政府之间的三重伙伴关系，使基础研究和人工智能解决方案的部署能够迅速商业化。

(2) 人才和教育满足了在人工智能相关的所有工作岗位上培养本土人才的需要，并帮助新加坡人为未来的人工智能经济作好准备。

(3) 数据体系结构支持快速和安全地访问各个部门的高质量数据集。

(4) 一个渐进的、可信赖的环境对于测试、开发和部署人工智能解决方案非常重要。

(5) 与跨国研究人员、企业和政府合作，推动和支持人工智能的可持续发展。

2. 应对主要挑战的 7 个国家人工智能方案

(1) 医疗保健。慢性疾病预测和管理有助于更快地发现和治疗这些疾病。

(2) 智慧屋邨。市政服务更迅速、可靠和实时，方便市民。

(3) 教育。在线机器学习和评估的个性化教育有助于教师更好地定制和改善学生的学习体验。

(4) 边境安全。边境检查行动加强安全性，同时提高旅客的体验。

(5) 物流。智能货运计划优化了运输作业，货运生产力和交通效率更高。

(6) 金融。将新加坡发展成为金融人工智能解决方案的全球中心。

(7) 政府。利用人工智能改造政府服务，为公民和企业提供高影响力的成果。

3. 协同工作

国家人工智能战略能否取得成功，不仅需要新加坡人、企业、研究人员和政府的共同努力，还需要与国际伙伴合作，以更好地在新加坡发展人工智能。如果企业已经在使用人工智能，就可以参与数据共享计划，通过采用人工智能治理计划，促进这项技术的广泛利用，并为一个可信赖的环境作出贡献。随着利用人工智能改造关键部门，企业将有许多机会在新加坡和该地区研究、开发和部署此类技术。作为一个本地或国际投资者，可以在新加坡建立一个人工智能团队，利用研究生态系统来增强和验证新的人工智能方法。对每一个新加坡人来说，提升和改进技能是至关重要的，只有这样才能跟上人工智能的进步，并准备好迎接那些创造出来的令人兴奋的工作。

10.4　"智慧迪拜 2021"战略

1. 建设历程

"智慧迪拜"计划于 2014 年 3 月正式启动。实际上，在 1999 年就可以找到智慧迪拜的建设基础。1999 年，迪拜启动了 ICT 策略；2000 年，迪拜宣布电子政务倡议；2009 年，迪拜开放电子政务部门；2013 年，迪拜智慧高级委员会和迪拜智慧城市实施高级委员会成立；2014 年，智慧迪拜执行委员会和开放数据委员会成立；2015 年，《迪拜数据法》颁布，智慧迪拜办公室开放。

"智慧迪拜 2021"战略由智慧迪拜办公室领导，主要目标是将迪拜转变为一个典范的智慧城市，彻底转变政府服务的运作方式以及向人们提供服务的方式。迪拜希望在短时间内通过 20 多个政府机构和私营部门发起 100 多个智能倡议和 1000 多项智能服务实现其目标，并且已经起到了一定的效果，城市幸福感在过去 3 年中增加了 3%。为了使用和评估大量可用数据，迪拜开发了两种不同的指数：智慧迪拜指数和幸福指数。幸福指数是智慧迪拜的一部分，它与智慧迪拜不同，因为它不仅仅面向生产力、宜居性和可持续性，还可以衡量迪拜不同政府实体提供的各种服务的满意度。

2. 总体框架和目标

2017 年底，在前期智慧城市工作的基础上，启动了"智慧迪拜 2021"战略，该战略包括四大支柱，分别是无缝地提供综合日常生活服务，高效地优化城市资源的利用，安全地预测风险并保护人员和信息，个性化地丰富所有人的生活和商业体验。图 10-17 给出了"智慧迪拜 2021"战略蓝图。"智慧迪拜 2021"旨在利用技术实现三种类型的影响，分别是客户影响、财务影响、资源和基础设施影响。

图 10-17　"智慧迪拜 2021"战略蓝图

客户影响重点放在政府服务上，利用技术为客户提供平稳高效的体验。顾客可以是个人或企业，衡量这一点的方法是使用幸福指数。数据可以帮助增强城市的创新生态系统，同时提供价值。根据智慧迪拜办公室的数据，开放数据将推动迪拜经济增长 28 亿美元。该市在 ICT 基础设施上每投资一美元，可节省 5.6 美元。在资源和基础设施影响的类型上，使城市基础设施更具可持续性和弹性，被认为会带来更健康的环境。

该战略包括六个目标，包括实现智慧宜居的弹性城市，由颠覆性技术推动的具有全球竞争力的经济，提供拥有便捷社会服务的互联社会，由自主和共享移动解决方案驱动的智慧交通，前沿 ICT 创新技术支持的智慧环境，数字化、精益连接的政府。

智慧宜居弹性城市是为了实现关键基础设施和资源的全面 ICT 支持，以提高效率、可用性和恢复力；通过协作、相互关联的规划、意识建设和能力发展，增强国家的复原力，促进个人、社区、社会和国家层面的准备；培养国家各利益相关者之间的承诺和协作，以提供综合、智能和可持续的城市体验；改善城市连通性以简化生活。

由颠覆性技术推动的全球竞争力的经济目标是要实现一个具有全球竞争力的经济，利用 ICT 创新作为手段，实现战略性经济部门的数字化转型，并率先制定经济发展和参与新规则；着手向循环经济过渡，促进经济资产和资源的再利用和共享；建设一个充满活力的创业和创新生态系统，由富有成效的研发投资、新兴技术、开放和共享的数据以及丰富的合作来推动；建设一支充满灵感、技能娴熟、具有创新精神且高效率的劳动力队伍，巩固迪拜作为未来最佳智慧城市的地位。

提供便捷社会服务的互联社会目标是要通过数字化来简化日常生活服务的获取和使用，涉及酋长国居民或游客的生活，使生活更加轻松；通过科技手段简化社会、文化、教育和医疗体验，提高个人生活质量；促进城市利益攸关方的包容性和有效参与，让他们增加参与设计城市经验。

由自主和共享移动解决方案驱动的智慧交通的目标是采用先进的智能创新移动解决方案实现无缝和安全的交通体验；通过利用自动驾驶交通技术提高生产力、效率和减少交通堵塞来增强城市的流动性；增加使用公共交通工具和共享交通工具，以减少通勤时间，帮助居民和游客更安全、更快捷和更快乐地到达目的地。

前沿 ICT 创新技术支持的智慧环境的目标是利用 ICT 为居民和游客确保水、空气、能源和土地资源的可持续性和质量；采用先进的、以 ICT 为动力的需求和供应战略，以提高资源效率和减少浪费；数字化改造公用事业、制造业、运输业和废物处理行业，以减少酋长国的碳排放，创造更清洁、更健康的环境。

数字化、精益连接的政府的目标是实现零访问政府，即通过数字渠道提供 100%的合格公共服务，并以全面数字化为目标，从而消除与政府直接接触的需要；以尖端、颠覆性的科技为动力实现无纸张、无现金的政府，定义了未来政府的雏形；通过连接针对居民和游客的关键需求和重大生活事件的公共服务提供最佳体验、节省时间和简化生活；建设一个由世界级的城市共享服务和基础设施提供动力的政府，为酋长国显著提高效率。

3. 智慧政府战略

在智慧迪拜办公室的监督下，智慧迪拜政府与使迪拜成为世界上最幸福城市的全球目标保持一致。智慧迪拜政府是迪拜政府实施电子和智能转型的官方监管机构。智慧迪拜政府的主要使命是提供高标准的智能服务和基础设施，以创造更多的幸福。智慧迪拜政府始于 2000 年，是迪拜电子政府的保护计划。

在智慧迪拜办公室的推动下，迪拜政府已完成其数字化战略转型，成为世界上第一个"无纸化"的政府。

4. 智慧公民

幸福指数用来衡量人们对许多服务和迪拜相关其他领域的满意度。作为智慧迪拜项目的一部分，它不仅着眼于生产力、效率、宜居性和可持续性，而且主要关注人们的反馈。这些反馈和评估的方式由安装在政府机构总部的智能在线设备完成，并连接到中央数据中心，监控和分析服务的实时性能。然后，数据中心生成报告并发送给决策者，以改变人们认为不太满意的地方。2016 年，31 个不同的政府实体之间报告了超过 100 万次的互动。幸福指数令人印象深刻，这是因为迪拜没有将重点放在一个具体的改善领域，而是将人民的幸福作为其战略的核心。幸福指数的原理非常简单：用户只需在"1—满意、2—正常和3—不满意"之间对服务进行评级。幸福指数专门把为人们提供的服务生成有价值的数据和改进途径，可以通过手机或电脑使用。迪拜于 2016 年创建了国家幸福和积极计划，涵盖 3 个领域：将幸福纳入所有政府机构和工作中的政策、计划和服务；促进积极性和幸福感作为社区生活方式；制定衡量幸福感的基准和工具。教育是智慧公民的另一个主要方面，迪拜最近推出了一个面向大学的智能电子服务门户。此外，一个重新整合所有学校和培训机构的信息系统允许客户直接与迪拜教育管理部门联系。

5. 智慧移动

最近，迪拜在智能移动领域取得了巨大进步，包括智能停车、智能出租车服务、智能收费系统和智能驾驶在内的智能系统已经开发出来。迪拜政府选择 Volocopter(来自德国的无人机开发公司)推出空中出租车服务。自主空中出租车是自主交通战略的一部分，该战略希望到 2030 年，迪拜 25%的交通实现自主。空中出租车是电动的，速度可达 100 km/h。迪拜道路与交通管理局(RTA)与 Volocopter 签订了合同，第一次测试于 2017 年开始，在投入使用之前规划航线、起飞和着陆点以及这些项目的物流。

第二个引人注目的项目是迪拜环线列车。这一超环线(基于埃隆·马斯克项目)的目标是以比以前更快的速度连接迪拜和阿布扎比。

迪拜的智能交通系统面向 5 个不同的行动领域：交通、交通管理、道路基础设施、可持续公共交通模式和非机动化模式。智能交通系统还将在不同的服务之间充分集成，体现安全可靠、信息丰富及多模式的特点。

6. 智慧生活

智慧生活的目标是通过数字服务提出解决方案，以满足大多数居民的生活服务需求，而不是提供纸质文件等传统服务。这些服务包括医疗、教育、文化、住房、娱乐、社区和志愿服务等。"智慧迪拜 2021"战略的目标是把数据作为战略资产，这将有利于公众以及不同政府机构和他们的客户。此外，迪拜数据中心的建立是为了改善不同政府实体、政府和个人、政府及其服务对象之间的数据交换。所有这些都是为了让人们的生活变得更好、更舒适。

7. 无人自动交通战略

迪拜无人自助交通战略旨在到 2030 年将迪拜总运输量的 25% 转变为自主运输模式。该战略预计将通过减少运输成本、碳排放和事故，提高个人生产力，并节省大量浪费在传统运输中的时间，为若干部门带来 220 亿迪拉姆的年经济收入。该战略有助于将运输成本削减 44%，从而每年节省高达 9 亿迪拉姆。它还将通过减少 12% 的环境污染，实现每年节省 15 亿迪拉姆，到 2030 年提高迪拜运输部门的效率，每年产生 180 亿迪拉姆的经济回报。迪拜自主运输战略还旨在将交通事故和损失减少 12%，相当于每年节省 20 亿迪拉姆，并将个人生产力提高 13%，每年将节省 3.96 亿小时的交通运输时间。该战略还将减少分配给停车场的空间。该战略的四个主要支柱是个人、技术、立法机构和基础设施，实施该战略的主要行业是地铁、公共汽车和出租车。

8. 3D 打印战略

2016 年 4 月，阿拉伯联合酋长国副总统兼总理阿勒马克图姆发起了迪拜 3D 打印战略。这一举措旨在到 2030 年利用技术提供服务，并提升阿联酋和迪拜作为领先的 3D 打印技术中心的地位。该策略有三个主要范畴，分别为建筑、医药产品、消费品；五大支柱包括基础设施、立法结构、资金、人才、市场需求。主要目标是确保到 2030 年，迪拜 25% 的建筑都采用 3D 打印技术。

9. 网络安全战略

2017 年 9 月，阿拉伯联合酋长国副总统兼总理阿勒马克图姆发布了迪拜网络安全战略，旨在加强迪拜在创新、安全和安保方面的世界领先地位。

该战略旨在提供综合保护，防范网络空间的危险，支持网络空间的创新，支持酋长国的经济增长和繁荣。迪拜网络安全战略涉及以下五个主要领域：

(1) 网络智能国家。该领域旨在提高公众对网络安全重要性的认识，确保社会充分认识到网络犯罪的危险，发展迪拜政府和私营机构及个人管理网络安全风险所需的技术和能力。

(2) 网络安全创新。该领域涉及电子安全领域的创新和科学研究，以及建立一个自由、公平和安全的网络空间。

(3) 网络安全保护。这一领域旨在通过建立机制来保护数据的机密性、可信性、可用性和隐私，从而建立一个安全的网络空间。

(4) 网络应变能力。这个领域将侧重于保持网络空间的灵活性，并确保在发生任何网络攻击时信息技术系统的连续性和可用性。

(5) 网络安全领域的国际合作。该领域旨在建立地方和全球伙伴关系，以巩固与全球和地方各级不同部门的合作框架，应对网络空间的威胁和风险。

10. 区块链战略

迪拜区块链战略将帮助迪拜在 2020 年前成为第一个完全由区块链提供动力的城市，并使迪拜成为世界上最快乐的城市。这一战略将为城市的所有部门带来经济机遇，巩固迪拜作为全球技术领导者的地位，刺激创业精神和全球竞争力。该战略将使用三个战略支柱，分别是政府效率、产业创造和国际领导。这是智慧迪拜办公室和迪拜未来基金会合作的结果，目的是不断探索和评估最新技术创新，这些创新表明有机会提供更加无缝、安全和有效的体验。

11. 物联网战略

迪拜物联网战略致力于在世界上最智能的城市建立世界上最先进的物联网生态系统，以改善人们的生活。该战略旨在保护迪拜的数字财富，鼓励政府部门参与迪拜的智能转型，并实现"智慧迪拜 2021"战略的目标，即向 100%无纸化政府过渡。迪拜物联网战略统一了迪拜脉动平台的数据来源。它开辟了新的增长前景，提高了所有部门的总体效率，并为迪拜人民带来了前所未有的经济和社会发展的机会。

该战略将在未来三年内分四个阶段连续实施。第一阶段围绕协调各政府部门实施物联网政策的活动展开。第二阶段涉及整合和转换，并寻求协调实施物联网战略的努力。第三阶段是关于优化，最后进入区块链阶段。

12. 电子商务战略

2019 年 9 月，迪拜执行理事会批准了迪拜电子商务战略，该战略由迪拜自由区理事会与迪拜商会、迪拜海关和迪拜经济部门合作制定，旨在巩固迪拜作为全球电子商务中心的地位。

该战略旨在使迪拜成为全球物流中心，在电子商务领域吸引更多的国家直接投资。到 2023 年，该地区的电子商务将为当地 GDP 贡献 290 亿迪拉姆。通过电子商务活动减少包括存储成本、关税、增值税和运输等费用在内的业务成本，预计削减 20%。通过电子商务增加迪拜公司在当地和区域分销方面的市场份额，预计到 2022 年达到 580 亿迪拉姆。电子商务战略还可以减少清关所需的文书工作，并减少对通过免税区的货物征收的费用。

参 考 文 献

[1]　张永民. 智慧城市总体方案[J]. 中国信息界，2011(3)：12-21.

[2]　张克平，杨冰之. 智慧城市 100 问[M]. 北京：电子工业出版社，2015.

[3]　郭源生，张建国，吕晶. 智慧城市的模块化构架与核心技术[M]. 北京：国防工业出版社，2015.

[4]　唐斯斯，张延强，单志广，等. 我国新型智慧城市发展现状、形势与政策建议[J]. 电子政务，2020(04)：70-80.

[5]　联想集团、国家工业信息安全发展研究中心、产业互联网发展联盟. 智慧城市白皮书-依托智慧服务　共创新型智慧城市(2021 年)[EB]. 2021.

[6]　百度智能云、中国信通院. 百度智慧城市白皮书[EB]. 2021.

[7]　住房和城乡建设部. 城市信息模型(CIM)基础平台技术导则(修订版)[R]，2021.

[8]　臧维明，李月芳，魏光明. 新型智慧城市标准体系框架及评估指标初探[J]. 中国电子科学研究院学报，2018，13(1)：1-7.

[9]　杨磊，刘棠丽，张大鹏，等. 智慧城市 ICT 参考框架与评价指标研究[J]. 信息技术与标准化，2016(8)：63-67.

[10]　中华人民共和国国家质量监督检验检疫总局，中国国家标准化管理委员会. 新型智慧城市评价指标：GB/T 33356—2016[S]. 北京：中国标准出版社，2016.

[11]　中华人民共和国国家质量监督检验检疫总局，中国国家标准化管理委员会. 智慧城市技术参考模型：GB/T 34678—2017[S]. 北京：中国标准出版社，2017.

[12]　黄艳，徐志发. 2021 百度智慧城市白皮书[R]. 2021.

[13]　百度. 百度智慧城市解决方案[EB]. 2021.

[14]　中华人民共和国国家质量监督检验检疫总局，中国国家标准化管理委员会，信息技术　大数据　工业应用参考模型：GB/T 38666—2020[S]. 北京：中国标准出版社，2020.

[15]　中华人民共和国国家质量监督检验检疫总局，中国国家标准化管理委员会，信息技术　大数据　技术参考模型：GB/T 35589—2017[S]. 北京：中国标准出版社，2017.

[16]　中华人民共和国国家质量监督检验检疫总局，中国国家标准化管理委员会. 信息技术　大数据　大数据系统基本要求：GB/T 38763—2020[S]. 北京：中国标准出版社，2020.

[17]　张春晖. 物联网与智慧城市[M]. 北京：电子工业出版社，2021.

[18]　刘驰. 物联网技术概览[M]. 北京：机械工业出版社，2021.

[19] 中华人民共和国国家质量监督检验检疫总局，中国国家标准化管理委员会. 物联网参考体系结构：GB/T 33474—2016[S]，北京：中国标准出版社，2016.

[20] 中华人民共和国国家质量监督检验检疫总局，中国国家标准化管理委员会. 面向智慧城市的物联网技术应用指南：GB/T 36620—2018[S]. 北京：中国标准出版社，2018.

[21] LIU Q, GU J, YANG J C, et al. Cloud, Edge, and Mobile Computing for Smart Cities[M] //SHI W. et al. Urban Informatics. Singapore: Springer.2021, 757-795.

[22] We use technology to make New York City future-ready [OL]. 2021. https://www1. nyc.gov/assets/cto/.

[23] The New York City Internet of Things Strategy [OL]. 2021. https://nyc.gov/assets/cto/ #/project/iot-strategy.

[24] Harvard College Consulting Group, 5G Technology and Applications[EB]. 2021.

[25] 5G smart cities whitepaper, Deloitte, China Unicom, 2019.

[26] GUPTA A, JHA R K. A Survey of 5G Network: Architecture and Emerging Technologies [J]. IEEE Access, 2015, 3: 1206-1232.

[27] 王昊奋，漆桂林，陈华钧. 知识图谱：方法、实践与应用[M]. 北京：电子工业出版社，2019.

[28] 中国信通院，Gartner. 2018 世界人工智能产业发展蓝皮书[EB]. 2018.

[29] 王万良. 人工智能通识教程[M]. 北京：清华大学出版社，2020.

[30] 无锡市人民政府. 无锡市新型智慧城市顶层设计方案[EB]. 2021.

[31] 香港创新及科技局. 香港智慧城市蓝图[EB]. 2017.

[32] 香港创新及科技局. 香港智慧城市蓝图 2.0[EB]. 2020.

[33] IMD. Smart City Index 2021[EB/OL]. https://imd.cld.bz/Smart-City-Index-2021. https://imd. cld. bz/Smart-City-Index-2021.

[34] KHERN N C.Digital Government, Smart Nation: Pursuing Singapore's Tech Imperative [EB/OL]. 2019.
https://www.csc.gov.sg/articles/digital-government-smart-nation-pursuing-singapore's-tech -imperative.

[35] Smart Dubai 2021 Strategy[EB/OL].2021. https://u.ae/en/about-the-uae/strategies-initiatives- and-awards/local-governments-strategies-and-plans/smart-dubai-2021-strat.